狮山兰芷

姚家玲 主编

浣溪沙·圣殿

凡民俊秀入殿堂，勤读声落力耕忙，流云飞渡溢春光。
大利归农多少事，和风细雨绕山梁，达人立己映残阳。

科学出版社
北京

内 容 简 介

本书作为“华中农业大学文化书系”的组成部分，收录了校园的蕨类植物、裸子植物和被子植物300余种。书中700多幅精美的照片向读者呈现了狮山植物的绚丽多彩，简洁的文字为读者描述了狮山植物的识别特征和校园分布，小短文则体现了作者爱植物、爱校园的偶思妙感。本书的被子植物分类主要依据克朗奎斯特系统。附录列举了136个科700多种校园植物的主要信息。

本书图文并茂，集科学、艺术、人文于一体，适合高等院校植物学相关专业的教师和学生阅读，也可供植物爱好者赏析。对华中农业大学校友而言，本书则承载了自己大学时光、青春岁月的某些记忆。

图书在版编目（CIP）数据

狮山兰芷／姚家玲主编．—北京：科学出版社，2015.3
ISBN 978-7-03-042511-9

Ⅰ.①狮… Ⅱ.①姚… Ⅲ.①华中农业大学－植物志
Ⅳ.①Q948.526.31

中国版本图书馆CIP数据核字（2014）第268441号

责任编辑：吴美丽／责任校对：郑金红
责任印制：张 伟／书籍设计：北京铭轩堂广告设计有限公司

科学出版社出版
北京东黄城根北街16号
邮政编码：100717
http://www.sciencep.com
北京建宏印刷有限公司印刷
科学出版社发行 各地新华书店经销
*
2015年3月第 一 版 开本：787×1092 1/32
2025年12月第十二次印刷 印张：9 1/2
字数：115 000
定价：69.80元
（如有印装质量问题，我社负责调换）

《狮山兰芷》编委会

序 Preface

占地面积约5平方公里的华中农业大学校园宛如一块硕大的翡翠，镶嵌在武汉这座大都市的怀抱之中。据不完全调查，校园内共有各类植物一百多科700余种，俨然一个缤纷葱郁的植物世界，春华秋实，仪态万方。我校姚家玲教授等专家历时3年，编写了这本校园植物志，用文字和图像记录了众多花卉草木的名称、类别、形态、生活习性、分布和价值。本书的编纂和出版，无论对教学科研，还是对科普和校园文化建设，都是一件很有意义的事情。

这本植物志取名《狮山兰芷》，"兰芷"本指香草，本书以"兰芷"代指植物，取"兰芷"为书名，不是出于植物学的考量，而是赋予它特别的寓意。屈原在《离骚》中常用兰芷等香草作为意象，用来比喻君子芳洁的人格。诚如东汉文人王逸《楚辞章句》序所言："离骚之文，依诗取兴，引类譬喻，故善鸟草香，以配忠贞"。20世纪50年代中期，学校迁移到现址。那时的狮子山是一座濯濯童山，一片荒芜。师生们从绿化种树开始，在荒山野湖间建设了一所全新的美丽大学。倏忽一个甲子过去，如今校园的一草一木、一株一丛，都是几辈学人如燕衔泥，从四方觅来。他们为学校建设和发展，为奉献和服务社会，励精图治，勤苦奋斗，就如屈原笔下的兰芷，默默绽放，播撒芬芳。

更值得一提的是，装点着美丽校园的还有油菜、水稻、柑橘、棉花、桃、李、梨、柿、茶……它们是几代学人焚膏继晷，满怀学问旨趣，为探索生命奥秘，造福天下苍生培育的科研成果，也是狮子山植物世界中最美的风景。可以说，狮山一草一木，都见证了华中农业大学师生“勤读力耕，立己达人”的不懈追求，见证了这所大学“筚路蓝缕，以启山林”走过的风雨历程。

“十年树木，百年树人”。让人欣喜的是，一代又一代的年轻身影继往开来，在美丽的校园为花卉草木修枝整形、施肥浇水，沿着前辈学人们开创的治学方向奋勇向前。相信在每个师生的传承和创新中，狮子山会更加花繁叶茂、硕果累累，华中农业大学也终将建成特色鲜明的研究型大学。

邓秀新

2014 年 4 月

目　录　Contents

Pteridophyta

蕨类植物

海金沙科

海金沙

Lygodium japonicum

多年生攀援草本，主要分布于我国南方地区。茎细弱、呈干草色，有白色微毛。叶为1～2回羽状复叶，纸质；能育叶片卵状三角形，叶缘有不规则的浅圆锯齿，上部小叶无柄，羽状或戟形，下部小叶有柄；孢子囊生于能育叶片的背面，在2回小叶的齿及裂片顶端成穗状排列。孢子囊多在夏秋季产生。可作切花的配饰植物。狮子山北坡较常见。

鳞毛蕨科

阔鳞鳞毛蕨

Dryopteris championii

多年生草本植物，我国南方多省份有分布。根状茎粗，横卧或斜升，顶端及叶柄基部密被披针形、棕色、全缘的鳞片。叶簇生，2～4回羽裂；小叶片10～15对，边缘羽状浅裂至羽状深裂；侧脉羽状，在叶片下面明显可见；叶草质，干后褐绿色。孢子囊群大，在小羽片中脉两侧或裂片两侧各一行，位于中脉与边缘之间或略靠近边缘着生。根状茎可入药。主要分布在狮子山北坡。

Gymnospermae

裸子植物

苏铁科

苏铁

Cycas revoluta

又名铁树，常绿乔木。主要分布于我国热带及亚热带地区。圆柱形树干高约1～4m。大型羽状叶从茎顶端生出；叶裂片条形，厚革质，向上斜展成“V”字形。雌雄异株，雄球花圆柱形；雌性大孢子叶密生淡黄色绒毛，红色胚珠2～6枚。种子红褐色或桔红色。花期6～7月，种子10月成熟。北方栽培的常终生不开花，成语“铁树开花”形容事情非常罕见或极难实现。行政楼、狮子山广场、国际学术交流中心等花坛里有种植。

银杏

银杏科

Ginkgo biloba

我国特产的孑遗珍贵树种。高大乔木，幼树树皮浅纵裂，大树树皮灰褐色，深纵裂，粗糙。枝近轮生，斜向上。冬芽黄褐色，卵圆形。叶扇形，有长柄，无毛，在长枝上螺旋状排列，在短枝上簇生在一起；叶脉为叉状并行细脉。雌雄异株，雄球花具梗，雄蕊多数，螺旋状着生。雌球花具长梗，先端常分 2 叉。种子核果状，外种皮肉质，中种皮骨质，内种皮膜质，胚乳丰富。狮子山广场、新图书馆南侧、家属区等地种植较多，栽培观赏，种子入药称白果。

银杏之名出于《本草纲目》，“原生江南，叶似鸭脚，因名鸭脚。宋初入贡，改呼银杏，因其形似小杏而核色白也，今名白果”。南宋时传入日本，再入欧洲，迄今有700多年历史。银杏是观赏植物，树干挺拔，叶形如扇，随风翩翩，舞姿优美。早春一片鲜绿，苍翠欲滴。晚秋一树金黄，满地铺金。

银杏还是世界著名的活化石和孑遗植物，在中生代广布于世界各地，第四纪冰川后，在我国的局部地区遗留下来。

（魏星）

松科
雪松

Cedrus deodara

原产于阿富汗至印度。高大乔木，树皮深灰色。小枝常下垂，长枝淡灰黄色，密生短绒毛，微有白粉。叶在长枝上伸展，在短枝上簇生在一起。花期 10 ~ 11 月，雄球花长卵圆形或椭圆状卵圆形，雌球花卵圆形。第二年形成球果，球果成熟前淡绿色，成熟时红褐色。种子种翅宽大。树形美丽，可作栽培观赏。校园广泛种植，如狮子山广场东侧有一排较大的雪松作行道树。

该物种为著名的古老孑遗植物，由于气候变迁，尤其是更新世大冰期的来临，使各地金钱松灭绝。只在我国长江中下游少数地区幸存下来，繁衍至今。因分布零星，个体稀少，结实有间歇性，因而亟待保护。目前为国家二级保护植物。

金钱松 松科

Pseudolarix amabilis

落叶大乔木，为我国特有树种。树干通直，树皮粗糙；枝条有长短之分。叶片条形，扁平柔软，在长枝上螺旋状散生，在短枝上簇生，向四周辐射平展，秋后变金黄色，形如铜钱，因而得名金钱松。花期 4 月，雌雄同株，球花生于短枝顶端；雄球花 20 ～ 25 个簇生，黄色，下垂；雌球花单生，紫红色，直立。球果当年 10 月成熟。种子有翅能随风传播。金钱松木材纹理通直，硬度适中，可作建材用；树干挺拔，树姿端庄、秀丽，秋后叶呈金黄色，颇为美观，可作庭园树种。目前世界各国植物园广为引种。校园有种植。

巍峨屹立铁坚杉，苍劲挺拔姿傲然。
多少风雨湖岸，虽经霜雪不寒。
英雄花开铁坚杉，狮子山下好儿男。
谱写千年咏叹，农为邦本肩担。
（龙鸿）

松科

江南油杉

Keteleeria fortunei var. cyclolepis

起源于中国的裸子植物。高大乔木，可达 50m。树冠广圆形。叶条形，在侧枝上排列成两列，沿中脉两侧各有白色条纹。花期 4 月，种子 10 月成熟。球果圆柱形，种翅中下部或近中部较宽。因树干通直、树形优美，可作建筑用材和观赏树种。校园里有零星分布，狮子山广场西南角有一棵生长数十年的大树，较珍贵，学校修了石围栏加以保护。

池杉 杉科

Taxodium ascendens

落叶乔木，是重要的造林和园林树种。原产于我国，武汉等多水城市常有栽培。树干基部膨大，常有屈膝状呼吸根（有助于呼吸），在低湿地生长尤为显著。枝条向上伸展，树冠呈尖塔形。当年生小枝绿色，细长，通常微向下弯垂，二年生小枝呈褐红色。叶钻形，略内曲，在枝上螺旋状伸展。花期 3 ~ 4 月，果期 10 月，球果圆球形或矩圆状球形，向下斜垂，熟时褐黄色。种鳞木质。在狮子山北的南湖有成片分布，是“校园十景”之一。

杉科 水杉

Metasequoia glyptostroboides

落叶高大乔木，我国特产的孑遗珍贵树种。树皮灰色或灰褐色；冬芽卵形。小枝对生或近对生，冬季与叶一起脱落；小叶扁平条形，柔软，交互对生成羽状。雌雄同株，雄球花单生叶腋或苞腋，雌球花单生侧枝顶端。球果下垂。种鳞极薄，苞鳞木质。种子倒卵形，有窄翅。生长速度快，易存活，是园林绿化理想树种。青年湖、第二运动场周边、南湖边湿地等均有种植，竹苑食堂南一片水杉林十分美丽。

水杉是一种珍贵的古树，植物学家称之为“活化石”。研究证明水杉曾经广泛分布于北半球，但在第四纪冰期以后，大部分已经灭绝，而中国四川与湖北交界处，地形复杂受冰川影响小，使水杉得以幸存。水杉树形优美、生长迅速，故广受欢迎，现在已广泛栽培，是武汉市市树。

水杉发现于湖北利川，1948年由中国著名植物学家郑万钧和胡先骕共同研究发表。发表后，如平地惊雷，引起全世界轰动。此后，许多植物学家都以水杉作为自己的一个研究方向。

（魏星）

○ 侧柏 柏科

Platycladus orientalis

又叫扁柏。我国除西部几省和海南外，均有分布。乔木，树皮浅灰褐色，纵裂成条片。枝条向上伸展或斜展。叶鳞形交互对生。球花期 3～4 月，雌雄同株，球花单生于小枝顶端；雄球花黄色，卵圆形；雌球花近球形，蓝绿色，被白粉。球果 10 月成熟，卵圆形，熟前近肉质，蓝绿色，被白粉，成熟后木质，开裂，红褐色；种子卵圆形。常栽培作庭园树；木材可供建筑用材；种子和鳞叶可入药。我校多处林地有种植。

○ 千头柏 柏科

Platycladus orientalis 'Sieboldii'

原产于我国，为侧柏的栽培变种，常绿灌木，植株常丛生，树冠卵圆形或圆球形。树皮浅褐色，呈片状剥离。小枝直展，扁平，排成一平面。叶鳞形，紧贴在小枝上，两面都是绿色。3～4 月开花，球花单独着生在小枝的顶端。球果卵圆形，肉质，蓝绿色，上面有白粉，10～11 月成熟。校园逸夫楼前花坛等处有栽培。

柏科 龙柏

Sabina chinensis 'Kaizuca'

为同属植物圆柏的栽培变种，常绿乔木。主要产于长江、淮河流域。树冠圆柱状或柱状塔形；枝条向上直展，常有扭转上升之势；小枝密、在枝端呈几个等长的密簇状。鳞叶排列紧密。球花（孢子叶球）单性，雌雄异株，于春天开放，球花细小，淡黄绿色，并不显著，顶生于枝条末端。球果蓝色，微被白粉，内藏两颗种子。枝条长大时会呈螺旋伸展，向上盘曲，好像盘龙姿态，故名“龙柏”。校园广布，以主楼旁边两株形态最为美观。

你屹立在主楼两侧，历经数十载雨雪风霜，依然苍劲挺拔；你像一位阅尽人间芳华的老者，注视着狮子山附近的渐渐繁华，依然笃定恬淡；你又是一位坚定的守望者，心酸于无数学子的校园伤离别，依然敞开胸怀迎接一届又一届归来的游子。

（姚家玲）

罗汉松科

罗汉松

Podocarpus macrophyllus

原产于中国，常绿乔木。叶条状披针形，螺旋状排列在枝条上，有短柄，上下两面有明显隆起的中脉。球花一般在六月出现，雄球花穗状，常 3 ～ 5 个簇生叶腋；雌球花单生叶腋，有梗。种子卵圆形，熟时肉质套被紫色或紫红色，有白粉，着生于肥厚肉质的种托上，种托红色或紫红色。卵圆形的种子生于种托上，形态类似罗汉。多系栽培。树皮能杀虫，可药用；种子也可药用。主要分布于校园主楼和景园楼南侧等地。

Angiospermae

被子植物

广玉兰因花大似荷，又称“荷花玉兰”，享有”陆地莲花“之美誉。广玉兰树姿雄伟，叶大浓绿，花香馥郁，是华农校园中栽植较多的高大乔木，因冬季不落叶，为寒湿的校园平添了一抹浓浓的绿色，带给人一丝暖意。

武汉的春天给人感觉过得非常快，百花竞妍的四月以后，天气转热，茶余饭后，就有了散步的欲望。走着走着，不经意间会嗅到空气中飘荡的一股淡淡的幽香，那定是广玉兰了。花香校园，夏幽兰，玉雪香。

（龙鸿）

木兰科

广玉兰

Magnolia grandiflora

又名洋玉兰，荷花玉兰。常绿大乔木，原产于北美洲。树干高达20～30m；叶革质，背面有褐色短柔毛，先端钝或渐尖，基部楔形。花期6月，花白色，盛开后，如荷花形态；花被片有9片，雄蕊多数。果期8～9月，聚合果，果先端具长喙。可入药，也可作道路绿化，用于净化空气、保护环境。校园内多处有种植，如行政楼南侧、翠竹路等地作行道树栽培。

白玉兰

木兰科

Magnolia denudata

主要分布于我国的华南和西南地区。落叶乔木，高达 15m。冬芽密生灰绿色或灰黄色长绒毛。叶互生，全缘，上面有光泽，下面生柔毛。花先叶开放，单生枝顶，白色，有芳香，呈钟状，大形，直径 12 ～ 15cm；花被片 9 片，三轮排列；雄蕊多数，在伸长的花托下部螺旋状排列；雌蕊多数，排列在花托上部。聚合蓇葖果，淡褐色。花提制浸膏，花瓣可食用，花蕾供药用，种子可榨油。校园道路旁及广场等地有栽培。

木兰科 紫玉兰

Magnolia liliflora

落叶灌木，分布与习性同白玉兰。叶倒卵形，先端急尖或渐尖；花期 3 ～ 4 月，花紫红色，在叶前开放或与叶同放，花被片 9 ～ 12 片，外轮 3 片紫绿色，常早落，内两轮肉质，外紫内偏白色；雄蕊紫红色，雌蕊群淡紫色；果期 8 ～ 9 月，聚合蓇葖果。我国传统花卉，除观赏外，树皮、叶、花蕾均可入药。校园多处有栽培，图书馆门前栽植的是紫玉兰和白玉兰的杂交种“二乔玉兰”。

木兰科

含笑

Michelia figo

常绿灌木，主要分布于我国的西南和华南地区。芽、叶柄、花梗密被黄褐色绒毛；叶革质，坚硬；花期3～5月，花生长在叶腋内，黄白色；花被片6片，雄蕊和雌蕊数目多。果期7～8月，果实短柱状。除观赏外，花瓣可做花茶或提取芳香油。校园内常见栽培植物，在北苑、教学楼空地、狮子山广场北侧等地种植较多。

深山含笑

木兰科

Michelia maudiae

起源于我国南方的常绿乔木。嫩枝、叶背面以及苞片，均被白粉。叶革质，坚硬，无托叶痕。花期 2 ～ 3 月，花被片 9 片，白色，基部稍呈淡红色，花开放时翻卷。果期 9 ～ 10 月，聚合果，种子红色。常作为栽培观赏植物。在校园的教工之家、北苑、校医院东侧等地有零星栽培。

马褂木

木兰科

Liriodendron chinense

又名鹅掌楸，中国特有的物种。高大乔木，树形挺拔优美。单叶互生，叶形似马褂。花期5月，花单生枝顶，杯状，花被片9，外轮3片萼片状、内轮6片形似郁金香。果期9～10月，聚合果。国家珍稀濒危树种之一，可作庭院观赏植物。校园第一运动场北侧有几棵大树，第一综合楼前等多处也有栽培。

马褂木的拉丁文Liriodendron意思是“百合树（Lily tree）”，可能因为其花外形上乍一看像百合，而其更普遍的英文名是“郁金香树（Tulip tree）”，确是更相像一些。窃以为，国文因其叶形而命名的“马褂（木）”、“鹅掌（楸）”则更具象形的风采。若有生物命名的国语版诺奖，象形的归“马褂（木）”，表意的属“细胞”，表音的授“基因”，只是那样的话鹅掌楸的拉丁属名需重新定作由中文而来的音译“Maguamu”。试读一下，竟朗朗上口，想必老外也不觉得饶舌，倒是哪位能把“马褂木”的中文含义译成地道的拉丁文，是件难事呢！

（龙鸿）

蜡梅科 蜡梅

Chimonanthus praecox

落叶灌木，原产于中国的中部和东部地区。幼枝四方形，有皮孔。叶纸质至近革质，叶对生。花期 1 月至翌年 3 月，花黄色有芳香，花被片多数，无花萼与花瓣之分，均为蜡质花瓣状。果期 4 ～ 11 月，果托木质化，坛状或倒卵状椭圆形，口部收缩，并具有钻状披针形的被毛附生物。观赏和药用。校园广泛种植，如狮子山广场西侧，竹苑食堂南侧等处较多。

蜡梅耐寒，迎风雪而绽放，且愈寒而愈盛开。古往今来，倾倒多少文人墨客，为之动容，为之盛赞，并赋予其高贵的品格象征。华农校园中的蜡梅花栽植颇多，花开时，香气四溢，沁人心脾，徜徉其中，令人流连忘返。花香校园，冬赏梅，心神怡。

（龙鸿）

樟树又名香樟，它的香更多的在于它散发的味道而非香气。正是因为这种清香味道能防虫蛀，先人常用樟木做家具，如久负盛名的樟木箱。传说古时有些人家在女孩出生时将香樟栽下，待“家有小女初长成”，那树也跟着茁壮，适合做箱子陪嫁。

狮子山大道两边，新栽了许多樟树，每天它们默默注视着路过的漂亮女生，陪着她们成长，只是不再做箱子陪嫁。而清纯的女生，用她们靓丽的青春点缀着校园，使“娘家”魅力永驻。

（龙鸿）

樟 樟科

Cinnamomum camphora

常绿乔木，主要分布于我国的华中、华东至华南。单叶互生，叶长圆状卵形至卵形，具离基三处叶脉，脉腋有腺体；花期 4 ～ 5 月，花黄绿色、较小；果期 8 ～ 11 月，核果球形，紫黑色。常用作绿化树木，因植物全株均有香气，可提制樟脑和提取樟油。是校园内种植最多的绿化树种，遍布狮子山广场、北苑、狮子山大道等多地。

三白草科

鱼腥草

Houttuynia cordata

又名蕺菜、侧耳根，我国中部、东南至西南各省区都有分布。多年生草本，有腥味。叶互生，心形，有细腺点；叶柄常有疏毛。花期4～7月，穗状花序生于茎上端，与叶对生，基部有白色花瓣状苞片；花小，两性，无花被；花丝下部与子房合生；雌蕊下部由合生的心皮组成。蒴果顶端开裂。全草入药。为校园常见野草，狮子山、宝积苑草坪等处有成片分布。

鱼腥草又名蕺菜，《本草纲目》中记载，“其叶腥气，故俗名鱼腥草”。鱼腥草是著名药材，有很大的医疗价值，可以提高人体免疫力，具有抗菌、抗病毒等作用。

除药用外，鱼腥草也可以食用。其叶可以作为蔬菜炒食，根可以凉拌，也可作为其他凉菜的辅菜，味道纯正，回味无穷。

（魏星）

毒八角和八角（Illicium verum）的区别：毒八角有剧毒；心皮常为10~13个，成熟果实先端有小钩。八角无毒，是一种食用香料，俗称“大料”；心皮常为8个；成熟果实先端无小钩。

毒八角 八角科

Illicium lanceolatum

又称莽草、红毒茴、披针叶茴香。乔木。叶多互生，革质，基部楔形。花期6月，花红色，单生或2～3朵簇生。花被片10～15片，雄蕊6～11枚，心皮通常10～13枚。果期8～10月，蓇葖果，10～13瓣，有弯钩。果药用，有剧毒。狮子山北坡的树木园内有种植，行政楼东侧有一株生长数十年的大树。

莲科

荷花

Nelumbo nucifera

多年生水生草本植物，分布于我国南北各省。根状茎（藕）肥大多节，横生于水底泥中。叶盾状圆形。花单生于花梗顶端、高托水面之上，有单瓣、复瓣、重瓣等花型；花色有白、粉、深红、淡紫色或间色等变化；雄蕊多数；雌蕊离生，埋藏于倒圆锥状海绵质花托内。小坚果（莲子）。花期 6 ～ 9 月。果熟期 9 ～ 10 月。除了食用，花、叶可供观赏。在校园的多处池塘、人工湖里有种植。

荷花又称“莲花”，“水芙蓉”，在素有“千湖之省”美誉的湖北，多得习以为常。祖辈口耳相传，世人皆知荷花通身是宝，叶、藕、莲子、藕带……文人笔墨记载，诗词佳句颇多，仅诗仙李白的“清水出芙蓉，天然去雕饰”就足以让后人搁笔。罢了，面对荷花，言多必失。如果贵客自远方来，时间适宜的话，一定请吃武汉的排骨藕汤，香香的，极有味道，又能堵住嘴，闭口不谈荷。

（龙鸿）

睡莲科

睡莲

Nymphaea tetragona

多年生水生草本植物，在我国广泛分布。具有粗、短的根状茎。叶丛生，具细长叶柄，浮于水面。花单生于细长的花柄顶端，漂浮于水。萼片 4 枚，宽披针形或窄卵形，宿存；花瓣通常白色、粉色，雄蕊多数，雌蕊的柱头具 6 ～ 8 个辐射状裂片。浆果球形，为宿存的萼片包裹。种子黑色。根状茎含淀粉，可食用或酿酒，品种繁多，是重要的水生观赏花卉。在校园的人工湖和池塘里有种植，主楼前的一池睡莲已经栽培了几十年。

主楼是华农学子成长的时光见证，而主楼前那一座假山、一池睡莲却是华农人的造景之最。因主楼上刻有徐特立题写的“华中农学院”五个大字，睡莲池下是依山而建的台阶，这里成为华农人留影的最佳取景点，因此，这座假山，这个睡莲池就成为华农人相册中的华农标识，拥有极高的上镜率，倒是第一道校门处，同为中共四元老的董必武所题“华中农学院”显得清静得多。

这些睡美人，就这样留在华农人的记忆中，虽然难得在几张照片上一睹其芳容。心里有，就够了。

（龙鸿）

毛茛科

田野毛茛

Ranunculus arvensis

一年生草本，主要分布于我国东南和西南地区。茎基部分枝；生长在较干燥的地方，植物体成莲座状，茎短；生长在阴湿地则茎伸长，高达40cm。叶近圆形，基生叶有长的叶柄，通常3裂，茎上部叶狭窄，有短柄或无柄。花黄色，萼片稍反曲，花瓣狭倒卵形至宽卵形，基部蜜腺有鳞片。聚合果球形；瘦果扁平，有宽的边缘，中间有刺。花期3～4月。常见于校园路边或农田杂草中。

天葵 毛茛科

Semiaquilegia adoxoides

多年生草本，原产于我国南方各省区。高15～40cm。茎丛生，纤细，直立，有分枝，表面有白色细柔毛。叶丛生，有长柄；一回三出复叶，上面绿色，下面紫色，光滑无毛。花单生叶腋；花小，白色；萼片5片，花瓣状；花瓣5枚，楔形；雄蕊通常10枚；雌蕊3～4枚。蓇葖果3～4枚，荚果状，熟时开裂。种子细小，倒卵形。花期3～4月。果熟期5～6月。多见于校园的疏林下、石隙、草丛等阴湿处。

小檗科

南天竹

Nandina domestica

常绿灌木，丛生状。原产于中国和日本。茎直立，分枝少。2～3回羽状复叶，小叶椭圆状披针形，深绿色，冬季常变红色。顶生大型圆锥花序，花小、白色，5～7月开放。浆果球形，熟时鲜红色。南天竺初夏繁花枝枝，挺立于秀叶之上，秋冬叶色红艳，果红色球形，为赏叶观果之佳品，但其全株有毒。校园里有栽培，如狮子山广场南部、第三教学楼前、家属区等多地有种植。

虞美人·梦天涯

潺潺窗外烟波雨，不觉春归去。桃红杏粉李花白，疑似美人逐月捧香腮。

虞姬寂寞千秋舞，浪漫从今古。红颜零落自漂流，谁解天涯魂梦几多求？

（龙鸿）

虞美人

罂粟科

Papaver rhoeas

一年生草本，原产于欧洲。全株被伸展的刚毛；茎直立，具分枝。

单叶互生，有羽状深裂，边缘生粗锯齿，两面被淡黄色刚毛。花蕾长圆状倒卵球形，花单生于茎和分枝顶端，花梗长15cm。花瓣圆形，紫红色，基部常具深紫色斑；雄蕊多数，花丝深红紫色；雌蕊的柱头5～18裂，辐射成盘状。蒴果孔裂；种子多数，具网纹。我国各地栽培作观赏植物。是校园花坛种植的常见种，花卉基地也有栽培。

悬铃木科 二球悬铃木

Platanus acerifolia

又称英国梧桐，据称是一球悬铃木（美国梧桐）和三球悬铃木（法国梧桐）的杂交种，我国广泛栽培。落叶乔木，树皮光滑，片状剥落。单叶互生，阔卵形，3～5裂，似枫叶，边缘疏生牙齿，托叶较长。花期4～5月，雄花和雌花均密集成头状花序，生于同株不同的花枝上。果期9～10月，果枝上的球形果序通常为2个，偶尔只有1个。为世界闻名的行道树，校园大量栽培，学院路至西大门外的马路两侧，已形成“梧桐大道”。

枫香

金缕梅科

Liquidambar formosana

也叫枫香树，落叶乔木，原产于我国秦岭和淮河以南地区。树干高达 30m，树皮灰褐色，方块状剥落；叶薄革质，掌状 3 裂，中间裂片较长，先端尾状渐尖，托叶线形；在武汉地区 4 月上旬开花，雄花序短穗状，小花数量很多；雌花序头状；10 月下旬果实成熟，蒴果，种子多角形或有窄翅。木材坚硬，树脂、根、叶及果实均可入药。青年湖、狮子山、学院路等地有种植。

○ 檵木 金缕梅科

Loropetalum chinense

常绿灌木或小乔木，分布于我国中部、南部及西南各省，亦见于日本和印度。嫩枝被暗红色星状毛;叶互生，卵形，嫩叶淡红色，越冬老叶暗红色；花期 4 ～ 5 月，花簇生于总状花梗上，呈顶生头状或短穗状花序，花瓣 4 枚，白色带状线形。红檵木（ *L. chinense* var. *rubrum*) 为檵木的变种，叶与原种相同，花为紫红色。檵木除观赏外，花、根、叶可药用。校园广泛栽培红檵木，常修剪成圆球形，作观赏植物。

榆科

朴树

Celtis sinensis

落叶乔木，我国广布种。树皮灰色光滑。单叶互生，叶厚纸质至近革质，通常卵状椭圆形，叶片基部圆形，不对称。叶脉有三条主脉，叶缘上半部有齿，下半部全缘。花期 3～4 月，花两性与单性共存，雌雄同株。雄花生于枝条下部叶腋，雌花单生或成花序，生于上部叶腋。果期 9～10 月，核果生于叶腋。狮子山广场种植有一片朴树林，沿校园的狮子山山坡也有大量栽植。

榉树 榆科

Zelkova serrata

乔木，我国各地常见种，日本和朝鲜也有分布。树皮灰白色或褐灰色。叶薄纸质至厚纸质，大小形状变异很大，边缘有圆锯齿。花期4月，花单性，雌雄同株，没有花瓣。雄花具极短的梗，雌花近无梗，花被片4～5片。果期9～11月，核果具宿存的花被。校园里栽培作绿化树种，主要种植在狮子山广场等处。

榉树是儒雅的树，它高大雄伟，树冠广阔，树姿端庄，树形优美，宛若谦谦君子。盛夏绿荫浓密，遇秋叶色红艳。

榉树是成材的树，它生长迅速，材质坚硬，材色鲜艳，弧面花纹美丽，耐水湿，用途广。

学子，当学榉树，成长，成才。

（龙鸿）

大麻科

葎草

Humulus scandens

又名拉拉藤，我国除海南和南海诸岛外，各地都有分布。多年生茎蔓草本植物。茎枝和叶柄有倒钩刺。叶对生，掌状，常 5 ～ 7 深裂。雌雄异株，雄花小，圆锥花序，雌花序球果状。瘦果成熟时露出苞片外。花期春夏，果期秋季。茎纤维可造纸及纺织，也可药用。校园路旁、荒地里极常见的野生杂草。

桑科

桑树

Morus alba

乔木或灌木，原产于我国中部和北部。树皮灰色。叶卵形或宽卵形，有时为各种分裂。花期 4 月，花单性，雌雄异株，成腋生穗状花序；雄花序下垂，花后脱落；雌花序长 1 ～ 2cm。果期 5 ～ 7 月，聚花果（桑葚）成熟时黑紫色、淡红或白色。树皮纤维柔细，可作纺织、造纸原料；叶为养蚕的主要饲料，亦可作药用；桑葚可以酿酒，称桑子酒。见于我校多处林中，园林楼南侧栽培有数株。

○ 构树 桑科

Broussonetia papyrifera

乔木，产于我国南北各地及周边国家，野生或栽培。小枝密生柔毛。叶全缘或3～5裂，基生叶脉三出，托叶大。花期4～5月，雌雄异株；雄花序为柔荑花序，苞片披针形；雌花序球形头状，苞片棍棒状，花被管状，顶端与花柱紧贴。果期6～7月，聚花果球形，成熟时橙红色，肉质。本种韧皮纤维可作造纸材料。校内散生。

○ 无花果 桑科

Ficus carica

落叶灌木，原产于地中海沿岸。茎多分枝，树冠开张。叶互生，厚纸质，通常3～5裂；叶柄粗壮。雌雄异株，雄花和瘿花同生于一榕果内壁，雄花生内壁口部，瘿花花柱侧生，短；雌花花被与雄花同，花柱侧生，柱头2裂，线形。榕果单生叶腋，梨形，顶部下陷，成熟时紫红色或黄色。花果期5～7月。新鲜幼果及鲜叶入药，榕果味甜可食或作蜜饯，也可供庭园观赏。校园内家属区有零星栽培。

荨麻科 苎麻

Boehmeria nivea

亚灌木或灌木，原产于中国西南地区。叶互生，叶片草质，通常圆卵形或宽卵形，上面稍粗糙，下面密被雪白色毡毛。花果期 7 ～ 10 月。花雌雄同株，团伞花序集成圆锥状，雌花序位于雄花序之上。瘦果近球形，光滑。苎麻是中国古代重要的纤维作物之一，闻名于世的浏阳夏布就是苎麻纤维的手工制品。我校试验基地有大片栽培，校园内也有散生分布。

胡桃科 枫杨

Pterocarya stenoptera

落叶大乔木，产于我国中部和南部地区。多为偶数羽状复叶，叶轴具翅。花期 4 ～ 5 月，雌雄同株，花单性，雄性柔荑花序单独生于去年生枝条的叶腋内，雄花常具 1（稀 2 或 3）枚发育的花被片。雌性柔荑花序顶生，具不孕性苞片，雌花几乎无梗，密被腺体。果熟期 8 ～ 9 月，双翅坚果，果序长、果翅狭。可作庭院树、行道树。学校南门、广场喷泉池附近有多棵大树。

○ 麻栎 壳斗科

Quercus acutissima

落叶乔木，分布于我国大部分省区。茎具淡黄色皮孔。叶片通常为长椭圆状披针形，叶缘有刺芒状锯齿，叶片两面同色。花期 3～4 月，花单性，雄花序常数个集生于当年生枝条下部的叶腋，有花 1～3 朵，雌花的壳斗杯形，包着坚果约 1/2。果期翌年 9～10 月，坚果卵形或椭圆形，果脐突起。校园栽培作绿化树种，主要分布在狮子山上和青年湖边。

○ 板栗 壳斗科

Castanea mollissima

落叶乔木，我国广布种。幼枝被灰褐色绒毛，无顶芽。叶狭长椭圆形，叶缘锯齿，下被灰白色短绒毛。花期 5～6 月，雄花序直立穗状；雌花生于枝条上部的雄花序基部，2～3 朵生于总苞内。壳斗球形，有刺；苞片针形，有柔毛；果期 9～10 月，坚果 2～3 个，褐色。狮子山上栽培较多，青年湖边有几棵大的板栗树。

商陆科 美洲商陆

Phytolacca americana

别名牛萝卜、垂序商陆。多年生草本，除东北、青海、西藏和新疆以外，我国其他地区都有分布。全株无毛，根粗壮，肉质。茎直立，绿色或紫红色，具纵沟。叶互生。总状花序顶生或侧生，花萼5片，卵形或长椭圆形，初白色，后变淡红色；无花瓣，花药淡粉红色（少数成淡紫色）。浆果扁球形，熟时紫黑色。种子肾圆形，黑色。花期6～8月。果期8～10月。校园广布的杂草，也可药用。

藜科 藜

Chenopodium album

一年生草本，分布遍及全球温带及热带，我国各地均产。茎直立，具绿色或紫红色条纹，多分枝。单叶互生；下部叶片菱状卵形或卵状三角形，上部叶片披针形，叶下面常被粉质。花小形，两性，黄绿色，每8～15朵聚生成花簇，集成圆锥花序，生于叶腋和枝顶；花被片5片，雄蕊5枚，伸出花被外；子房扁球形，花柱短，柱头2裂。胞果稍扁，近圆形。种子双凸镜状，黑色，有光泽。花期8～9月，果期9～10月。校园的路边、荒地等处常见的田间杂草。

叶子花

紫茉莉科

Bougainvillea spectabilis

又名九重葛、三角梅。藤状灌木，原产于热带美洲。枝、叶生有浓密的柔毛。叶片椭圆形或卵形，基部圆形，有柄。花序腋生或顶生；苞片椭圆状卵形，基部圆形至心形，暗红色或淡紫红色；花被管狭筒形，绿色，密被柔毛，顶端 5 ～ 6 裂，裂片开展是黄色；雄蕊通常 8 枚；子房具柄。果实长 1 ～ 1.5cm，密生毛。花期冬春间。校园的花坛及校门口花坛常栽培。

苋科

鸡冠花

Celosia cristata

一年生草本，我国南北各地均有栽培，广布于温暖地区。全身无毛。茎直立，有分枝，绿色或红色，具明显条纹。叶片卵圆形、卵状披针形或披针形。花多数，极密生，成扁平肉质鸡冠状或羽毛状的穗状花序；花被片红色、紫色、黄色、橙色或红黄色相间。花果期7～9月，除观赏外，花和种子可供药用。花卉实验基地内有栽培，校园其他地方也可见种植。

苋科

青葙

Celosia argentea

又称野鸡冠花。一年生草本无毛，主要分布于亚洲。茎直立有分枝，绿色或红色，具明显条纹。叶片绿色常带红色。花期5～8月，穗状花序顶生，呈塔状或圆柱状；苞片及小苞片披针形，白色，光亮；花被片初为白色，顶端带红色或粉红色，后成白色。果期6～10月，胞果卵形。花序宿存经久不凋，可供观赏。分布于校内的田间小路边或旱地里。

反枝苋

苋科

Amaranthus retroflexus

一年生草本。原产美洲，是入侵我国的植物。茎稍具钝棱，密生短柔毛。叶顶端微凸，具小芒尖，有柔毛。花期7～8月。圆锥花序，花单性或杂性；苞片干膜质，钻形；花被白色，具一淡绿色中脉；雌花内侧有小齿。果期8～9月。胞果扁球形，小，淡绿色，盖裂，包裹在宿存花被内。嫩茎叶可作野菜食用，也可作家畜饲料。校园内常见野草。

喜旱莲子草

苋科

Alternanthera philoxeroides

又名革命草、水花生。多年生草本，原产于巴西，是我国的入侵植物。茎披散，基部匍匐，茎中空。叶对生，叶片卵形、倒卵形或椭圆倒卵形。花期5～10月，头状花序单生于叶腋，具总花梗，苞片披针形，花被片长圆形，白色，雄蕊5枚，花丝基部连合成杯状。蒴果卵形。全草入药，可作饲料。广布于校园各处。

石竹科

须苞石竹

Dianthus barbatus

多年生草本，原产于欧洲，我国各地栽培观赏。株高 30 ～ 60cm，全株无毛。茎直立，有棱。叶片披针形，顶端急尖，基部渐狭，合生成鞘，全缘。花多数，集成头状，有数枚叶状总苞片；花萼筒状，裂齿锐尖；花瓣具长爪，瓣片卵形，通常红紫色，有白点斑纹，顶端齿裂，喉部具髯毛；雄蕊稍露于外；子房长圆形，花柱线形。蒴果卵状长圆形，顶端 4 裂至中部；种子褐色，扁卵形。花果期 5 ～ 10 月。花卉基地内有栽培。

石竹科

牛繁缕

Malachium aquaticum

又名鹅肠菜。一年或二年生草本，我国广布种。株高 10 ～ 30cm，茎常带淡紫红色，被 1 ～ 2 列毛。叶片宽卵形或卵形；基生叶具长柄，上部叶常无柄或具短柄。疏聚伞花序顶生；花梗细弱，具 1 列短毛；萼片卵状披针形，外面被短腺毛；花瓣白色，长椭圆形，深 2 裂达基部；雄蕊短于花瓣；花柱线形。蒴果卵形。花期 6 ～ 7 月，果期 7 ～ 8 月。茎、叶及种子供药用。校园极多，路边绿篱下、草地上多见。

矮雪轮

石竹科

Silene pendula

又名大蔓樱草。一年生或二年生草本，原产于欧洲南部。全株被柔毛和腺毛。茎俯仰，多分枝。叶片卵状披针形或椭圆状倒披针形，两面被伏柔毛。单歧式聚伞花序，花梗细，果实反折；花瓣倒心脏形，先端2裂，淡红色至白色；萼筒长而膨大，筒上有紫红色条筋；花柱明显外露。蒴果卵形。花期5～6月，果期6～7月。适宜布置花坛花境。花卉实验基地可见，作为观赏栽培。

蓼科

愉悦蓼

Polygonum jucundum

一年生草本，我国中部和南部地区多有分布。茎直立，基部近平卧，多分枝，无毛。叶椭圆状披针形，两面疏生硬伏毛或近无毛，顶端渐尖，基部楔形，边缘全缘；叶片基部的托叶呈鞘状，膜质，淡褐色，筒状。花期 8 ～ 9 月，花白中有红，总状花序呈穗状，花排列紧密；苞片漏斗状，绿色，每苞内具 3 ～ 5 朵花。果期 9 ～ 11 月，瘦果卵形，具 3 棱，黑色，有光泽。校园内常见的杂草。

○ 杠板归 蓼科

Polygonum perfoliatum

又名刺犁头。一年生攀援草本，我国各地有分布。茎具纵棱，棱上倒生皮刺。叶三角形，薄纸质，叶背沿叶脉及叶柄倒生皮刺；托叶鞘叶状，抱茎。花期 6 ～ 8 月，总状花序呈短穗状；苞片卵圆形，每苞片内具花 2 ～ 4 朵；花被 5 深裂，白色或淡红色，果时增大，肉质，深蓝色；果期 7 ～ 10 月，瘦果球形，熟时黑色，有光泽，包于宿存肉质花被内。 疏生于校内路旁或旱地。

蓼科

羊蹄

Rumex japonicus

多年生草本，我国广布。根粗大，断面黄色。茎直立，通常不分枝。单叶互生，具柄；叶片长圆形至长圆状披针形，基生叶较大，边缘微波状皱褶；托叶鞘膜质，筒状。总状花序顶生，每节花簇略下垂；花两性，花被片6片，淡绿色，外轮3片展开，内轮3片成果被。瘦果宽卵形。校园内常见杂草，喜阴湿环境。

蓼科

齿果酸模

Rumex dentatus

一年生草本，分布于我国各地。茎直立多分枝，枝斜上。叶有长柄，茎下部叶长圆形，托叶鞘膜质，筒状。花期5～6月，花序总状顶生，具叶，多花轮状排列；花两性；花梗中下部有关节；花被片6片，成2轮，外花被片椭圆形，内花被片果时增大三角状卵形，边缘有不整齐针刺状齿，全部具小瘤。果期6～7月，瘦果卵形，具3锐棱。分布于校园路旁荒地。

芍药

芍药科

Paeonia lactiflora

多年生宿根草本花卉，原产于我国。主根肉质，粗壮。茎由根部簇生，基部圆柱形，上端多棱角，向阳部分多呈紫红晕。二回三出羽状复叶；花大，通常独生于茎的顶端或近顶端叶腋处，花瓣呈倒卵形，花盘为浅杯状；蓇葖果；花期5月，果期6～8月。花卉基地有栽培。

芍药为著名观赏植物，被列为我国古代“六大名花”之一，又被称为“五月花神”，也是七夕节的代表花卉。

芍药科 牡丹

Paeonia suffruticosa

落叶灌木，原产于我国陕西一带。茎高可达 2m；分枝短而粗。叶通常为二回三出复叶，偶尔近枝顶的叶为 3 小叶。花单生枝顶，大而美丽；苞片长椭圆形，大小不等；萼片绿色，宽卵形，大小不等；花瓣 5 片，或为重瓣，玫瑰色、红紫色、粉红色至白色，通常变异很大，倒卵形，顶端呈不规则的波状；雄蕊花丝紫红色、粉红色，上部白色，花药长圆形；花盘革质，杯状，紫红色，顶端有数个锐齿或裂片，完全包住心皮，在心皮成熟时开裂；心皮 5 片，稀更多，密生柔毛。蓇葖果长圆形，密生黄褐色硬毛。花期 5 月；果期 6 月。校园的花卉基地有栽培，家属区也有种植。

牡丹是我国著名的观赏花卉，在唐朝时已被《神农本草经》誉为花王，随后各代都涌现出一些描写牡丹的诗词、著作及绘画作品。如唐代诗人刘禹锡《赏牡丹》一诗“唯有牡丹真国色，花开时节动帝京”，将洛阳牡丹比喻为国中最漂亮的女子，宋代诗人欧阳修更撰写了中国历史上第一部牡丹专著《洛阳牡丹记》。

（姚家玲）

华农校园里的茶园，是茶学专业的实习基地。早春时节，高大的泡桐树正值盛花，树下成片成片生长的茶之嫩芽，油绿油绿的，泛着清香。老校工三三两两，前后招呼着采茶，一幅幅江南田园画卷呼之欲出，宛如画中游。正是：茶随心生，品味万生。

（龙鸿）

茶

山茶科

Camellia sinensis

落叶灌木或小乔木，原产于长江以南各省区。叶革质，上面发亮，边缘有锯齿。花白色，1～3 朵腋生；雄蕊多数，基部连生；子房密生白毛；花柱无毛，先端 3 裂。蒴果，球形。花期 10 月至翌年 2 月。狮子山下、南湖边的茶园中栽培有大片茶树，每年生产茶叶。茶与可可、咖啡并称为当今世界三大饮料。

山茶

山茶科

Camellia japonica

又名茶花。常绿乔木或灌木，我国西南和东南地区有野生种。树干灰褐色。单叶互生，革质，椭圆形。花单生于叶腋或枝顶，红色，淡红色，或白色。花期 1～4 月。花瓣 6～7 片，或重瓣，倒卵形；蒴果圆球形。山茶花型似牡丹，品种繁多，是重要的园林观赏树木。校园内多处有栽培，基因楼附近、学生宿舍和家属区等地有成片种植。

山茶以花朵供人观赏。早春时节，山茶花盛开，大朵大朵的，火红火红的，配以鲜嫩淡绿的叶片，颇有红花绿叶的意境，间或有纯白或粉白相间的嵌合花，也足以令人赏心悦目。山茶花鲜艳、娇美，却只是静静地、略显羞涩地绽放在校园中；凋谢时，花瓣一片片脱落，洒满一地，直到生命结束。

山茶花语：理想的爱。

（龙鸿）

猕猴桃果实味道独特，引入新西兰后颇受欢迎，因基维鸟喜食，故称基维果（kiwi fruit）或奇味果，其营养丰富、肉质细嫩、维生素含量极高，所以有"维C之王"的美誉。

中华猕猴桃

猕猴桃科

Actinidia chinensis

又名羊桃。大型落叶藤本植物，原产于我国中部、东部和南部地区。嫩枝薄被灰白茸毛，或密被粗糙绒毛。单叶，纸质，倒卵形或阔卵形至近圆形。雌雄异株。花期 4 ～ 5 月，聚伞花序有 1 ～ 3 朵小花；花初放时白色，之后变淡黄色，有香气；子房球形，密被金黄色毛。果期 8 ～ 10 月，浆果大，黄褐色，近球形、圆柱形或椭圆形，具小而多的淡褐色斑点。校园的果树标本园以及科研基地有种植。

藤黄科 艳果金丝桃

Hypericum androsaemum

半常绿或常绿灌木，分布于我国大部分地区。茎红色，幼时两侧压扁，很快成圆柱形。叶对生。花期5～8月，花序近伞房状；花色金黄，束状纤细的雄蕊花丝也灿若金丝，惹人喜爱。蒴果，红色。果期8～9月。武汉市多条道路旁栽植作行道花木。校内栽培于北门南湖边。

藤黄科 金丝梅

Hypericum patulum

灌木，丛生状，我国大部分地区有分布。茎淡红至橙色；皮层灰褐色。单叶对生，叶有腺体。伞房花序。萼片离生，边缘带小毛或小啮齿，膜质，常带淡红色。花瓣金黄色，无红晕。蒴果。种子深褐色。一般栽培作为观赏，也可药用。狮子山广场和花卉基地有种植。

杜英 杜英科

Elaeocarpus decipiens

常绿乔木，产于我国南方地区。树高 5 ～ 15m。叶革质，披针形或倒披针形，上面深绿色，干后发亮，基部楔形。叶生长后期变成红色。花期 6 ～ 7 月，总状花序生于叶腋及去年枝条上；花白色，萼片披针形，花瓣倒卵形，有毛。果期 8 ～ 9 月，核果椭圆形。校园广布，南湖边、狮子山广场、图书馆周边等地多有种植。

梧桐科 梧桐 ○

Firmiana platanifolia

又称青桐。落叶乔木，高可达 16m，华南至河北栽培较广。树皮青绿色，平滑。叶心形，掌状 3～5 裂，叶柄与叶片等长。花期 6 月，圆锥花序顶生；花单性，无花瓣；雄花的雌雄蕊柄与萼等长；雌花的子房圆球形，被毛。蓇葖果膜质，有柄，成熟前开裂成叶状。种子圆球形，表面有皱纹。各地栽培为行道树或作庭院绿化。园林学院楼后及学堂路旁有种植。

华农校园背倚狮子山，坐北朝南依山而建，是个读书、学习、休憩的好地方。山上茂密的林地间，生有令人神往的梧桐树。梧桐高大挺拔，树干青绿，叶片宽大，需仰视方可窥一斑。至今，仍留有学生宿舍位于树的近旁。谁能说这些莘莘学子不是这些梧桐树招来的金凤凰呢？未来，一定是。

（龙鸿）

○ 马松子 梧桐科

Melochia corchorifolia

半灌木状草本，分布于长江以南各省。叶卵形或三角状披针形，边缘生小牙齿，下面沿叶脉疏被短毛。花期夏秋。头状花序腋生或顶生；花萼钟状，外面被毛；花瓣白色或淡紫色；花丝大部合生成管；子房无柄。蒴果近球形，密被短毛，室背开裂。茎皮纤维可纺织麻布等。荟园西边草坪、实验田水沟边可见。路边绿篱下、草地上多见。

○ 木槿 锦葵科

Hibiscus syriacus

落叶灌木，原产于我国中部各省。小枝密被黄色星状绒毛。叶菱形至三角状卵形，具深浅不同的3裂或不裂，边缘具不整齐齿缺。花单生于枝端叶腋间，花萼钟形，密被星状短绒毛；花钟形，淡紫色，花瓣倒卵形，外面疏被纤毛和星状长柔毛；雄蕊柱长约3cm。蒴果卵圆形，密被黄色星状绒毛。种子肾形，背部被黄白色长柔毛。花期7～10月。主供园林观赏用，或作绿篱材料；茎皮富含纤维，可作造纸原料。学校西大门附近有栽培。

锦葵科

陆地棉

Gossypium hirsutum

一年生草本。原产于美洲墨西哥，因最早在美洲大陆种植而得名。叶阔卵形，常3浅裂，托叶早落。花期7～8月，果期10月。花单生于叶腋；花朵乳白色，开花后不久转变成红色，凋谢后留下绿色的蒴果，称为棉铃。棉铃内有棉籽（种子），其上的茸毛从棉籽表皮长出，充满棉铃。棉铃成熟时褐色，木质，开裂后露出纤维，即俗称的“棉花”。我校张献龙教授率领的研究团队，在棉花种质创新及强优势杂交棉新品种选育与应用等领域取得了多项成果。

大麻槿 锦葵科

Hibiscus cannabinus

别名红麻、洋麻。一年生草本纤维作物，原产于欧洲及亚洲温带地区。茎直立，有绿、红、紫、淡红等颜色。叶片为掌状裂叶，叶柄有刺。离瓣花淡黄或乳白色。花药黄色、褐黄色等。雌蕊柱头淡红或紫色。蒴果。种子肾形，黑灰色。华农校园农田里有栽培，路边绿篱下偶见。

苘麻 锦葵科

Abutilon theophrasti

一年生草本，分布于我国华南和西南的一些省份。株高1～2m，全株密被柔毛和星状毛。茎直立，上部有分枝。叶互生，近圆形。花单生叶腋，花梗有节；花萼5裂，无副萼；花黄色，花瓣5，宽倒卵形，有浅棕色脉纹；雄蕊多数，连合成筒；心皮15～20裂，有粗毛，顶端有2长芒。种子三角状扁肾形，黑色。花期5～7月，果期7～8月。主要的纤维植物，种子可供工业用。校园农田有种植，偶见于田埂荒草间。

锦葵科 木芙蓉

Hibiscus mutabilis

又称山芙蓉。落叶灌木或小乔木，原产于我国的湖南省。株高 2 ～ 5m。叶互生，较大，宽卵形至圆卵形或心形。花期 8 ～ 10 月，花大型，直径约 8cm，单生于枝端的叶腋间；花初开时白色或淡红色，后变深红色；萼钟形；花瓣近圆形，外面被毛。雄蕊柱长 2.5 ～ 3cm，无毛；花柱疏被毛。蒴果扁球形，被淡黄色刚毛和绵毛。种子肾形，背面被长柔毛。校园有零星栽培，在附中院内种植较多。

蜀葵 锦葵科

Althaea rosea

又名一丈红。多年生草本，原产于我国的西南地区。全株被星状毛，茎直立，不分枝，高可达 2m，通常绿色或绿褐色。单叶互生，圆钝形或卵状圆形，有时呈 5 ～ 7 浅裂。花大，单生于枝顶端的叶腋间；有红、紫、白、粉红、黄和黑紫等色，单瓣或重瓣，花瓣倒卵状三角形，先端凹缺，基部狭，爪被长髯毛；雄蕊柱无毛，花丝纤细，花药黄色；花柱分枝多数，微被细毛。果盘状，被短柔毛，果实近圆形，具纵槽。花果期 6 ～ 8 月。用于绿化和观赏。学生宿舍和大学生活动中心周围有大量栽培。

堇菜科 三色堇

Viola tricolor

一年生或多年生草本，原产于欧洲，我国各地广泛栽培。单叶互生，基生叶具长柄，茎生叶长圆状卵形，边缘具稀疏的圆齿；托叶羽状深裂。花期3～6月，花大，单生于叶腋，每个茎上生2～10朵，花梗稍粗；通常每花有紫、白、黄三色，即上方花瓣深紫色，侧方及下方花瓣均为三色，有紫色条纹。蒴果椭圆形，无毛。校内花卉基地及盆景花坛中常栽培观赏。

三色堇为波兰的国花。据神话传说，堇菜花本是单色，由于女神维纳斯处于嫉妒心的鞭打，流出汁液才染成了三种颜色，故称为三色堇。美丽的红色花语是“思虑”；有着黄色花瓣的三色堇，花语是“喜忧参半”；有着紫色花瓣的三色堇，花语是“沉默不语”。

（姚家玲）

紫花地丁

堇菜科

Viola philippica

又名野堇菜、光瓣堇菜。多年生草本，分布于我国各地。无地上茎。根状茎短，垂直，节密生。叶基生，莲座状。花果期4月中下旬至9月，开紫色小花，喉部色较淡并带有紫色条纹；下方花瓣有细管状距，里面有紫色脉纹。蒴果。可作早春观赏花卉。广布校园，点缀于草坪、田野；在分子楼后面的草坪和林下形成群落。

瓠子

葫芦科

Lagenaria siceraria var. *hispida*

又称扁蒲，是葫芦的变种。一年生攀援草本，全国各地栽培作蔬菜。茎生软粘毛。卷须分2叉；叶柄顶端有腺体；叶片卵形，不分裂或稍浅裂，边缘有小齿。花期6月，雌雄同株；花白色，单生。果期7月。与葫芦不同之处在于：子房圆柱状；果实粗细匀称而呈圆柱状，直或稍弓曲，长可达60～80cm，绿白色，果肉白色，成熟后果皮变木质；种子白色。果实嫩时柔软多汁，作蔬菜。学校蔬菜基地有栽培。

葫芦科 黄瓜

Cucumis sativus

又名胡瓜、青瓜。一年生蔓生或攀援草本，广泛栽培于我国各地。茎被短刚毛。叶片心状卵形，浅裂，两面有毛，边缘有小锯齿。雌雄同株；雄花常数朵簇生，花托狭钟状，花冠黄色；雌花单生或簇生，子房有刺状凸起。果实常有具刺尖的瘤状凸起；种子白色。花果期夏季。果实作蔬菜。校园菜地、蔬菜基地有栽培。

葫芦科 丝瓜

Luffa cylindrica

一年生攀援藤本。我国南北各地均有分布。茎柔弱，粗糙。卷须稍被毛，2～4叉。叶片掌状裂，边缘有小锯齿；叶柄强壮而粗糙。花果期夏、秋季。雄花序总状，雌花单生，花冠黄色；子房长圆柱状，柱头膨大。果实圆柱状，有纵向浅槽或条纹，未熟时肉质，成熟后干燥，里面有网状纤维；种子黑色。幼嫩果实作蔬菜，成熟后的纤维即丝瓜络，可药用。蔬菜基地、校园菜地有种植。

加拿大杨

杨柳科

Populus × canadensis

落叶高大乔木，原产于北温带，我国各地均有栽培。树皮灰绿色，老时带黑色，有沟裂。小枝圆柱形，稍有角棱。叶三角状卵形，叶背无毛，叶缘具圆钝锯齿；叶柄扁而长，带红色。花期 4 月，雄花序无毛，雄蕊 15 ～ 25 枚。果期 5 ～ 6 月，果穗与雄花序等长，雄树多，雌树少见。木材供造纸、家具等用。常作行道树，为良好绿化树种。狮子山、学府路等地有种植。

杨柳科

垂柳

Salix babylonica

落叶乔木，原产于我国长江流域和黄河流域，全国各地均有栽培。树冠开张而疏散；树皮灰黑色，不开裂；枝条淡褐黄色，细长，下垂。叶条状披针形或狭披针形，两面无毛。花期3～4月，花序先叶开放或与叶同时开放。花无被，单性。果期5～6月。为优美的园林和绿化树种。南湖边、青年湖边栽培较多。

没有人统计得了，湖畔那些垂柳树下留有多少少男少女的脚印，柳枝下织就的浪漫青春情怀是校园永不过时的靓丽风景线。那个夏天，校园方舟悄然靠岸。带着离愁，带着别绪，我们走了。无论未来如何，留在校园里的是同学之情、朋友之义、老师之爱……

昔我往矣，杨柳依依，今我来思，雨雪霏霏。

（龙鸿）

十字花科

诸葛菜

Orychophragmus violaceus

又名二月兰。一至二年生草本，长江以北广泛分布。茎直立，基部或上部稍有分枝。基生叶及下部茎生叶大头羽状全裂；上部叶长圆形，不裂，耳状抱茎。花期 4 ～ 5 月，总状花序顶生；十字形花冠深紫色，密生细脉纹。果期 5 ～ 6 月，长角果线性。嫩茎叶可作野菜食用。校园林地内常见。

早春二月花盛开，结晶的紫，淡淡的蓝，是野生十字花科植物中少有的大花类型。在南湖岸边成片的种植，渲染了湖光山色，权做兰花，弥补了校园无兰的缺憾。

野生花卉，本是野花，种的多了，自然成了花卉。华农校园在广泛栽植花草的同时，也保留了许多野生物种，维持了物种的多样性。

兰和诸葛菜，各有各精彩。

（龙鸿）

碎米荠 十字花科

Cardamine hirsuta

一年或二年生草本，分布遍及全国。株高15～35cm，无毛或疏生柔毛。茎直立或斜升，分枝或不分枝，下部有时呈淡紫色。叶为羽状复叶，基生叶有柄，小叶2～5对，卵圆形；茎生小叶2～4对，狭倒卵形至线形。花期2～4月，总状花序顶生，花小，白色。果期3～5月，长角果线形。种子褐色。是校园农田和路边常见的杂草。

臭荠 十字花科

Coronopus didymus

一年或二年生匍匐草本，原产于南美。全草有臭气，主茎短且不明显，基部多分枝，无毛或有长单毛。叶为一回或二回羽状全裂，裂片3～5对，线形或窄长圆形，两面无毛。花期3月，花极小，花瓣白色或无。果期4～5月，短角果肾形，表面有粗糙皱纹。为旱地常见杂草，影响作物和草坪生长。广布校园路旁或旱地。

十字花科

荠

Capsella bursa-pastoris

又名地米菜，一年生或二年生草本，全国各地都有分布。茎直立有分枝，基生叶丛生呈莲座状，大头羽状分裂，茎生叶狭披针形或披针形，基部抱茎。总状花序顶生和腋生，花小，花瓣白色，有短爪。短角果倒三角形或倒心状三角形，扁平，顶端微凹。全草入药，可作食用野菜。校园的农田、草地以及路边常见。

十字花科

白菜

Brassica rapa var. *glabra*

一年生草本，原产于我国华北，现各地广泛栽培。株高40～60cm，常全株无毛。基生叶多数，大形，倒卵状长圆形至宽倒卵形，顶端圆钝，边缘皱缩，波状，中脉白色，很宽，有多数粗壮侧脉；叶柄白色，扁平，边缘有具缺刻的宽薄翅；上部茎生叶长圆状卵形、长圆披针形至长披针形，全缘或有裂齿，有柄或抱茎。花鲜黄色。长角果较粗短。种子球形。花、果期5～6月。主要蔬菜作物。校园的蔬菜基地、菜地常见栽培种。

紫菜苔

十字花科

Brassica rapa var. *purpuraria*

又名红菜薹。一年或二年生草本，芸薹的变种。茎、叶片、叶柄、花序轴及果瓣均带紫色。基生叶有柄，大头羽状分裂；下部茎生叶三角状卵形或披针状长圆形，有柄；上部茎生叶无柄，略抱茎。花鲜黄色，长角果线形。花期3～4月，果期5月。武汉地区特产蔬菜，花茎（菜薹）味道鲜美。校园蔬菜基地、菜园都有种植。

十字花科

羽衣甘蓝

Brassica oleracea var. *acephala*

一年生草本，食用甘蓝的变种。植株形成莲座状叶丛，不包裹成球状；叶缘常皱折或深裂；中心叶常为彩色，呈白、黄绿、粉红或紫红等色。总状花序伞房状，结果时延长；花黄色，少数白色。长角果线形或长圆形。城市公园内常有栽培，是冬季绿化观赏植物。校园荟园食堂、狮子山广场等地多处有栽培。

十字花科

甘蓝

Brassica oleracea var. *capitata*

一年生草本，原产欧洲，全国各地栽培。全体无毛，带粉霜，叶片颜色有绿色和紫色。植株矮且粗壮，一年生茎肉质，不分枝。基生叶多数，层层包裹成球状，扁球形，直径 10 ~ 30cm 或更大；二年生茎有分枝，具茎生叶。基生叶及下部茎生叶长圆状倒卵形至圆形。花期 4 月，总状花序顶生。果期 5 月，长角果圆柱形，种子球形。作蔬菜及饲料用，可入药。实验田、蔬菜基地有种植。

北美独行菜

十字花科

Lepidium virginicum

一年生或二年生草本。原产于美洲，我国中部和南部地区有分布。茎直立或斜升。基生叶莲座状，平铺地面，羽状浅裂或深裂；茎生叶狭披针形至条形。总状花序顶生；花小，萼片舟状，花瓣匙形或无花瓣。短角果，近圆形。种子近椭圆形，具密而细的纵条纹。花果期5～7月。种子可入药。校园极多，路边绿篱下、草地上常见。

印度蔊菜

十字花科

Rorippa indica

也叫蔊菜。一年或二年生草本，主要分布于我国中部和南部省份。茎直立，较为坚挺。基生叶和茎下部叶有柄，呈耳状抱茎；叶片通常提琴状羽裂；茎上部叶向上渐小，基部无柄，有耳状物抱茎，边缘具不整齐细牙齿。总状花序顶生；花小，萼片长圆形，长约2毫米；花瓣黄色匙形，与萼片等长。长角果。花期5～6月，果于花后渐次成熟。校园常见杂草。

甘蓝型油菜

十字花科

Brassica napus

一年或二年生草本，具粉霜。下部叶大头羽裂，顶裂片卵形，边缘具钝齿，侧裂片约 2 对，卵形；叶柄基部有裂片；中部及上部茎生叶由长圆椭圆形渐变成披针形，基部心形，抱茎。花期 3 ～ 4 月，总状花序伞房状；花瓣浅黄色，花冠呈“十”字形。果期 4 ～ 5 月，长角果线形。种子球形，含油率达 40% ～ 50%。各地栽培，为主要油料作物之一。嫩茎叶含丰富维生素，可作蔬菜。校内科研试验田大量种植。我校油菜遗传育种学家傅廷栋院士及其团队为中国油菜科研和生产作出了重大贡献。

春天到华农看油菜，
油菜花开那是一片海。
蓝天下，微风中，
观海的心情别样自在。

春天到华农看油菜，
油菜花开那是一片爱，
黄土地上飘来自然清香，
有爱在心中痴情不改。

相约到华农看油菜，
明年花开你还来不来？
狮子山、南湖水，
油菜花儿年年把你期待。
（龙鸿）

十字花科

萝卜

Raphanus sativus

一年生草本，原产于亚洲温带地区。根肉质，长圆形、球形或圆锥形。茎直立，粗壮，自基部分枝。基生叶及茎下部叶有长柄，通常大头羽状分裂，边缘有锯齿或缺刻；中、上部叶长圆形至披针形，不裂或稍分裂，不抱茎。总状花序，顶生及腋生。花淡粉红色或白色。长角果，种子，红褐色。花果期 5～7 月。我国主要的蔬菜作物，也可药用。校园蔬菜基地、菜园有栽培。

萝卜又叫小人参，富含大量的营养成分，对人体有益。俗话讲“冬吃萝卜夏吃姜，不用先生开药方”，说的是萝卜具有补气通气的效果。吃萝卜也有学问，如果脾胃瘀滞，萝卜适合生吃，效果很明显，很快胀满的脾胃就消停了。如果身体虚寒，萝卜则要熟吃，煲汤炖煮后的萝卜可以补气养颜。萝卜虽好，但是效用非常豪放，所以爱文雅的人们大概会对萝卜敬而远之了。

（赵毓）

杜鹃花、子规鸟，子规啼血，染得杜鹃花血红，于是就有了满山红、映山红……，红遍狮山深处。

岁月沧桑，洗尽铅华淘尽沙，退色成就了粉、白杜鹃花，斑斓南湖两岸。

鸟语花香，狮山更美，南湖更媚。

（龙鸿）

杜鹃

杜鹃花科

Rhododendron simsii

又名映山红。落叶灌木，是我国中南和西南地区土壤酸性指示植物。茎叶多毛。分枝多而纤细。叶革质，常集生于枝端。花期 4 ～ 5 月，花冠阔漏斗形，玫瑰色、鲜红色或暗红色，上部裂片具深红色斑点。果期 6 ～ 8 月。蒴果卵球形，花萼宿存。

中国的杜鹃资源非常丰富，全国各地广泛栽培，是著名木本观赏花卉。校园的狮子山广场、南湖边、图书馆等地栽培有杜鹃和锦绣杜鹃。

柿树科

柿

Diospyros kaki

落叶乔木，原产于我国长江流域。树皮鳞片状开裂，无顶芽。叶纸质，卵状椭圆形至倒卵形或近圆形，通常较大。花期6月，花雌雄异株或同株，雄花成短聚伞花序；雌花单生叶腋，花萼4深裂，果熟时增大。果期9～10月。浆果卵圆形或扁球形，含单宁。重要果树。狮子山广场、果树科研基地和狮子山上有种植。

说起柿，人们便想到了红彤彤的灯笼，风情万种的秋季，亦或是勾起了儿时的记忆。其实，柿与我们相伴已有两千多年的漫长历史。历代文人墨客留下的许多与柿有关的文学和艺术作品，不断加深着我们与柿的渊源和联系。如今，柿早已不是饥荒年代的“代粮品”，果品市场处处可见其“时令佳果”的身影！校园广场上、科研基地中、狮子山茂密的林子里，都有其多彩的身躯！华中农业大学柿研究团队正在从事甜柿相关研究的甜蜜“柿”业。

（罗正荣）

白花龙 安息香科

Styrax faberi

灌木，产于华中和华南地区。株高1～2m。叶互生，纸质，叶脉两面均明显隆起。花期4～6月，总状花序，花序梗和花梗均密被灰黄色星状短柔毛；花白色，花后常向下弯；花萼杯状，外面密被灰黄色星状绒毛和短柔毛；花冠膜质，花冠管长，无毛。果期8～10月。栽培于狮子山山顶西段供观赏。

白檀 山矾科

Symplocos paniculata

落叶灌木或小乔木，分布于我国大部分地区。株高可达5m，嫩枝、叶两面、叶柄和花序均被柔毛。叶椭圆形或倒卵形，膜质或纸质，边缘细尖锐锯齿；中脉在叶面凹下，侧脉在叶面平坦或微凸起。圆锥花序生于枝顶，花有长梗，白色；花冠裂片深达基部；雄蕊数量多。核果卵形，蓝色，宿存萼裂片直立。狮子山、树木园有种植。

报春花科 泽星宿菜

Lysimachia candida

又名泽珍珠菜。一年或二年生草本，分布于我国中部及长江以南地区。全株无毛。叶互生，宽披针形或倒披针形，近于无柄。花期 6～8 月，总状花序柔弱；苞片三角披针形；花萼裂片椭圆卵形，边缘膜质，中部有黑色斑点；花冠白色，喉部有腺毛，裂片倒卵形，背面有黑色斑点；雄蕊短于花冠。果期 8～11 月，蒴果球形。全草入药。见于校园较阴湿环境，如水边、绿篱下。

报春花科 聚花过路黄

Lysimachia congestiflora

多年生草本。主要产于长江以南各省区。茎紫红色，节处生不定根。单叶对生，叶片广心形，边缘有绿红色小点。花黄色，单生于枝端叶腋；花梗极短，花萼 5 深裂，裂片披针形，花冠轮状，下部合生，裂片 5，卵形，先端锐尖，呈覆瓦状排列；子房卵形，被长白柔毛。果为蒴果，种子多数，萼宿存。花期 3～4 月。可药用。见于校园阴湿环境中。

海桐

海桐花科

Pittosporum tobira

常绿灌木或小乔木，分布于长江以南滨海各省，亦见于朝鲜和日本。茎有明显的皮孔。叶互生，常聚生于枝顶，革质，坚硬。叶倒卵形，基部窄楔形。伞形花序或伞房状花序顶生或近顶生。花期 4 ～ 5 月，花白色，5 个裂片，有芳香，后变黄色。果期 6 ～ 11 月，蒴果圆球形，果片木质。种子红色。栽培观赏。狮子山广场、狮子山山坡、校园绿化带等地，多有栽培。

景天科 珠芽景天

Sedum bulbiferum

又名土三七。多年生草本，分布于中国东北、华北、西北及长江流域各省区。叶肉质互生，几无柄。花期6～8月，聚伞花序，分枝平展，花密生；花瓣黄色，椭圆状披针形。果期8～9月，蓇葖果呈星芒状排列，叉开几至水平状。全草药用。大学生活动中心东侧花园有种植。校园极多，路边绿篱下、草地上多见。

景天科 佛甲草

Sedum lineare

多年生草本，中国广泛分布。茎无毛，肉质，不育枝斜上生。叶条形，常为3叶轮生，基部有短距。花期4～5月，聚伞花序顶生；花瓣黄色，披针形；鳞片楔形至倒三角形；心皮成熟时略叉开，有短花柱。全草入药。果期6～7月。大学生活动中心东侧花园、人文楼南侧花坛、三教楼顶花坛等地有种植。

绣球 虎耳草科

Hydrangea macrophylla

又名八仙花。落叶灌木，我国广布种。茎常于基部生出多数放射枝而形成一圆形灌丛。叶对生，椭圆形至宽卵形，边缘有粗锯齿。伞房状聚伞花序近球形；花梗有柔毛；花白色、粉红色，开放后变为蓝色。花果期6～8月。栽培变种较多，除观赏外，还可入药。分子楼前一簇八仙花，每年6～8月非常亮丽夺目，校园其他地方也有零星栽培。

虎耳草科 白花重瓣溲疏

Deutzia scabra var. candidissima

落叶灌木，主产于华中地区。全株通常被星状毛。小枝中空或具疏松髓心。叶对生，卵形至卵状披针形，边缘具锯齿。圆锥花序，萼筒钟状，与子房壁合生。花瓣 5 枚，重瓣，白色。蒴果。花期 5 ～ 6 月，果期 7 ～ 8 月。学校第一运动场旁边、家属区有栽培。

草莓 蔷薇科

Fragaria×ananassa

多年生草本。原产于南美，我国各地有栽培。茎低于叶或近相等，花后产生匍匐茎，具毛。掌状三出复叶，茎处叶柄有毛，小叶较大，上微被绒毛，边缘有粗锯齿。花期 4 ～ 6 月，聚伞花序，有花 5 ～ 15 朵，花瓣白色，雌蕊极多。果期6～8月，很多小瘦果生于肉质花托（食用部分）上形成聚合果。学校果树基地大棚内有种植。

蛇莓 蔷薇科

Duchesnea indica

又名蛇泡草、龙吐珠、三爪风。多年生草本；产于辽宁以南各省区，欧美也有记录。匍匐茎多数。三出复叶。花期 6 ～ 8 月，花单生于叶腋；副萼片比萼片长；花瓣黄色；雄蕊和雌蕊均多数；花托在果期膨大，肉质，鲜红色，有光泽。果期 8 ～ 10 月，瘦果卵形。全草药用。广布校园，野生于绿篱下、草地上。

蔷薇科

粉花绣线菊

Spiraea japonica

直立灌木，原产于日本、朝鲜。小枝近圆柱形，有柔毛。叶片长圆形，边缘有尖锐重锯齿，两面无毛，上面有皱纹，下面色浅或有白霜。花期 6 ～ 7 月。复伞房花序生于当年枝的顶端，花朵密集，密被短柔毛。花瓣卵形至圆形，粉红色。果期 8 ～ 9 月。蓇葖果半开张。栽培观赏，根、叶及果可入药。南湖边种植有数株。

蔷薇科

麻叶绣线菊

Spiraea cantoniensis

落叶灌木，产于我国中部与南部地区。小枝细瘦，圆柱形，呈拱形弯曲，无毛。叶片菱状披针形，边缘具缺刻状锯齿。花期 4 ～ 5 月，伞形花序具多数花朵；花白色，花瓣近圆形或倒卵形。果期 7 ～ 9 月，蓇葖果直立开张。可见于南湖路边、桃园外侧。

蔷薇科 月季

Rosa chinensis

又名月月红。直立灌木，原产于中国。株高达 1 ~ 2m，茎、花梗有刺。羽状复叶，小叶 3 ~ 5 片，边缘有锯齿；托叶大部呈耳状贴生于叶柄，边缘常有腺毛。花期 4 ~ 9 月，花瓣多为重瓣，红色、粉红色、黄色至白色。除观赏外，花、根、叶均可入药。大学生活动中心、图书馆、家属区等校园多处有栽培。

蔷薇科 玫瑰

Rosa rugosa

玫瑰是爱和美的世界语，它的含义和故事，太多太多，以致玫瑰花语需按花色和花朵的数目来定。

玫瑰与其同属的月季因花形极为相似而常被混淆，现在花店里所售玫瑰多为月季。不过既然二者形似、色近、香同，又有多少人会在意呢？

花香校园，春玫瑰，色斑斓。

别忘了，送人玫瑰，手有余香。

（龙鸿）

蔷薇科 粉团蔷薇

Rosa multiflora var. *cathayensis*

又名野蔷薇。落叶灌木，原产于江苏、山东、河南等省。枝细长，上升或蔓生，有皮刺。羽状复叶，小叶 5～9 片，边缘有尖锐单锯齿，叶下面有柔毛。伞房花序圆锥状，花多数；花梗有腺毛和柔毛；花白色，芳香，雄蕊多数，花柱伸出花托口外，结合成柱状。蔷薇果球形至卵形，褐红色。全国各地栽培用于观赏，花、果及根可入药。狮子山上有分布，南湖边、学生宿舍、家属区也有种植。

七姊妹 蔷薇科

Rosa multiflora var. *carnea*

攀援灌木，为粉团蔷薇同种的另一变种。小枝圆柱形。复叶互生，小叶5～9片，倒卵形、长圆形或卵形，边缘有尖锐单锯齿，下面有柔毛。花多朵，排成圆锥状花序；重瓣，粉红或粉白色；花柱结合成束，比雄蕊稍长。果近球形，红褐色或紫褐色，有光泽。主楼前有一棚生长多年的植株，景园楼周围、百景苑等地也有栽培。

蔷薇科 金樱子

Rosa laevigata

常绿攀援灌木，原产于我国中部及南方省区。小枝粗壮，散生扁弯皮刺。小叶革质，椭圆状卵形或倒卵形，边缘有锐锯齿，上面亮绿色；小叶柄和叶轴有皮刺和腺毛。花单生于叶腋，花梗和萼筒密被腺毛，随果实成长变为针刺；萼片卵状披针形，常有刺毛和腺毛；花瓣白色，宽倒卵形，先端微凹。果梨形、倒卵形，紫褐色，外面密被刺毛，萼片宿存。观赏和药用。狮子山上有大量野生植株。

蔷薇科 插田泡

Rubus coreanus

又名高丽悬钩子。灌木，分布于我国大部分地区。茎直立或弯曲，红褐色，有钩状的扁平皮刺。羽状复叶，边缘有不整齐锥状锐锯齿，下面灰绿色；叶柄和叶轴散生小皮刺。花期4～6月，伞房花序顶生或腋生；总花梗和花梗有柔毛，粉红色；萼裂片卵状披针形。果期6～8月，聚合果卵形，红色至紫色。果可生食和酿酒。校园林地里常见，南湖边分布较集中。

○ 紫叶李 蔷薇科

Prunus cerasifera 'Pissardii'

别名红叶李。落叶小乔木，原产于亚洲西部。小枝无毛。叶卵形或卵状椭圆形，紫红色。花期 4 月，花较小，淡粉红色，通常单生，叶前开花或与叶同放。果期 8 月，核果小，暗红色。我国各地园林中常见栽培，以观叶为主。常年叶片紫色，引人注目。荟园学生宿舍、家属区和橘园食堂门前等，校园多处种植作观赏植物。

蔷薇科

桃

Amygdalus persica

落叶小乔木，原产于我国。树皮暗红褐色，老时粗糙呈鳞片状；叶片卵状披针形。冬芽圆锥形，常 2 ～ 3 个簇生，中间为叶芽，两侧为花芽。花期 3 ～ 4 月，花单生，先叶开放，雄蕊多数，雌蕊 1 枚。果期 8 ～ 9 月，核果，果实形状和大小均有变异，果肉多汁，离核或粘核。分食用和观赏 2 种。荟园、校园绿化区域及果树科研基地有种植。

桃久经栽培，在食用类群中已培育出很多优良品种。校园内栽培的桃主要有三个品种：北方桃品种——果实顶端尖而突起，缝合线较深；蟠桃品种——果实扁平形，两端凹入；油桃品种——果实外面无毛。

蔷薇科

紫叶碧桃

Amygdalus persica var. *atropurpurea*

落叶小乔木，原产于中国。小枝红褐色。嫩叶紫红色，椭圆状披针形。花期 4 ～ 5 月，花单生或两朵生于叶腋，重瓣或单瓣，粉红或大红色。果期 8 ～ 9 月，核果球形。

桃的变种之一，其他变种有白色、深红、洒金（杂色）等，以及枝条下垂的垂枝碧桃。现世界各国均已引种栽培。是校园常见的栽培观赏花卉。

梅在庭院中栽植分散，且大多孤植，更显其品性：孤傲、自赏、骨气。

早春报春，从不负春光；于枝生花，越瘦花越艳。

在梅花面前，多少诗词显得失韵；在梅花面前，多少名画显得苍白。

无需咏梅，梅，依旧笑春风。这，是一种境界。

（龙鸿）

梅 蔷薇科

Armeniaca mume

小乔木，稀灌木，原产于我国南方，有三千多年栽培历史，长江流域以南各地最多。小枝绿色，无毛。叶卵形或椭圆形，先端尾尖，具细小锐锯齿；花单生或2朵生于1芽内，香味浓，先叶开放。花萼常红褐色，有些品种花萼为绿或绿紫色，萼筒宽钟形；花瓣倒卵形，白或粉红色。果近球形，熟时黄或绿白色，被柔毛，味酸。花期冬春，果期5～6月。我国最著名的观赏花木，也是武汉市的市花。花卉基地、北苑、西苑等家属区有栽培。

蔷薇科

东京樱花

Cerasus yedoensis

别名日本樱花、吉野樱。落叶乔木，原产于日本。树皮暗灰色，嫩枝有毛。叶椭圆状卵形，先端渐尖或尾尖，叶缘具尖锐重锯齿。花期 4 月，叶前开放 5 ～ 6 天，4 ～ 6 朵呈伞形或短总状花序。花白色或淡粉红色，花单瓣，先端凹缺。果期 5 月，核果黑色。园艺品种很多，为著名观花树种。行政楼前草坪、图书馆旁均有种植。

樱之灿烂系于短暂，生命的花朵从绽放到凋零只有短短的一周，“樱花七日”寄托了几多壮士情怀；

樱之精灵系于妩媚，粉、红、白、绿各色兼备，却毫无艳丽之感，边开边落的樱花雨，静寂安然，留给人间淡淡的愁思。

樱花是爱情与希望的象征：乐活在当下，敬畏于未来。

（龙鸿）

日本晚樱

蔷薇科

Cerasus serrulata var. *lannesiana*

落叶乔木，山樱花的变种，原产于日本。叶片卵状椭圆形或倒卵椭圆形，叶边有渐尖重锯齿，齿端有长芒，叶柄有腺点。花期4～5月，先叶后花，花重瓣，常有香气。花序伞房总状或近伞形，有花2～3朵，总苞片褐红色。花瓣粉红色至白色。核果球形，紫黑色。果期6～7月。校园种植较多，见于行政楼前、狮子山广场、图书馆等处。

蔷薇科 龙牙草

Agrimonia pilosa

龙牙草又名仙鹤草、地仙草。多年生草本植物，我国南北各省区均有分布。全株具白色长毛，根茎横走。单数羽状复叶互生，小叶大小不等，间隔排列，卵圆形至倒卵形。总状花序顶生或腋生，花小，黄色。瘦果倒圆锥形，萼裂片宿存。花期 7～8 月，果期 9～10 月。全草可入药。分布于校园荒地、山坡和草地。

识记顺口溜：大叶大，小叶小，大叶小叶龙牙草。

○ 枇杷 蔷薇科

Eriobotrya japonica

常绿乔木，分布于我国大部分地区。株高可达 10m，叶片革质，披针至倒卵形，正面光亮多皱，背面密生灰棕色绒毛；花期 10～12 月，圆锥花序顶生，花梗密生锈色绒毛。萼筒浅杯状，有绒毛。花瓣白色，有柄；果期 5～6 月，果实球形或长圆形，黄色或橘黄色。作观赏树木和果树，叶和果入药。在校园果树基地、宝积苑、微生物重点实验室北侧等处有种植。

杜梨

蔷薇科

Pyrus betulifolia

又名棠梨。乔木，产于我国中、北部地区。枝常具刺；小枝、冬芽常密被灰白色绒毛。叶片菱状卵形至长圆卵形，幼叶上下两面均密被灰白色绒毛，老叶上面无毛而有光泽。花期4月，伞形总状花序，总花梗和花梗均被灰白色绒毛；蔷薇花冠，花瓣白色，宽卵形；雄蕊多，花药紫色；花柱2～3裂，基部微具毛。果期8～9月，果实近球形，褐色，有淡色斑点，基部具带绒毛果梗。除果树实验基地有栽培外，校园其他地方也有零星种植。

贴梗海棠

蔷薇科

Chaenomeles speciosa

常绿灌木，产于我国中部和西南各省。枝条直立开展，有刺；小枝微屈曲，紫褐色或黑褐色。叶片卵形至椭圆形，稀长椭圆形，边缘具有尖锯齿；托叶草质，肾形或半圆形。花期3～5月，花先叶开放，3～5朵簇生于二年生老枝上；萼筒钟状，萼片直立，半圆形，稀卵形，先端圆钝；花瓣倒卵形或近圆形，基部延伸成短爪，猩红色，稀淡红色或白色；雄蕊45～50枚，长约花瓣之一半；花柱5裂，无毛或稍有毛。果期9～10月，果实球形或卵球形，黄色或黄绿色，有稀疏不明显的斑点，味芳香；果梗短或近于无梗。主要种植在校园的荟园、家属区等地。

蔷薇科 沙梨

Pyrus pyrifolia

落叶乔木，原产于我国。叶片基部圆形或近心形，边缘有刺芒状锯齿，托叶早落。花期4月，伞形总状花序，有花6～9朵，花白色，雄蕊20枚，花柱5裂，稀4裂。果期7～10月，梨果近球形，浅褐色，萼片常脱落，种子卵形。果食用，并有消暑、健胃、收敛止咳之效。校园果树科研基地有种植。

典故：孔融让梨、祸枣灾梨 对联："莲子心中苦，梨儿腹内酸"。（"莲"谐音"怜"，"梨"谐音"离"）民俗：一些地方在宴席的最后上一道糖水梨，意思是"吉利（梨）"。

蔷薇科 垂丝海棠

Malus halliana

别名福建山樱花。落叶小乔木，分布于我国中部与西南省区。枝开展，幼时紫色。叶卵形至长椭卵形，先端长渐尖。花期3～4月，伞房花序有花4～6朵，花粉红色，萼片深紫色，花梗细弱下垂，紫色。果期9～10月，梨果倒卵形，紫色。花繁色艳，朵朵下垂，甚为美丽，是著名的庭园观赏花木，也可盆栽观赏。学生公寓附近、图书馆西面等地有种植。

常见有以下变种和栽培变种：①白花垂丝海棠花较小，近白色，花柱4，花梗较短。叶较小，椭圆形至椭圆状倒卵形；②重瓣垂丝海棠花重瓣，花梗深红色。③垂枝垂丝海棠小枝明显下垂。④斑叶垂丝海棠叶面有白斑。

传说中国古人有五恨："一恨鲥鱼多骨，二恨金橘太酸，三恨莼菜性冷，四恨海棠无香，五恨曾子固不能诗。"

海棠无香，是因为暗恋去了，怕人闻出心事重重，所以舍了香；海棠有意，垂丝倒悬，群怡艳丽，时隐时现于绿叶间，宛如少女掩面，脉脉私语。荟园路旁栽植的海棠颇多，春天开花时，偶有孤枝探于路中，恰是一束海棠艳新春。

（王莉、龙鸿）

蔷薇科 重瓣棣棠

Kerria japonica f. *pleniflora*

落叶灌木，产于我国中部与南部地区。小枝有棱，绿色，无毛，常拱垂。叶互生，卵形或三角状卵形，先端边缘有锯齿或浅裂。花单生于侧枝的顶端；花瓣黄色，重瓣。雄蕊多数；花柱约与雄蕊等长。瘦果棕黑色，萼裂片宿存。花期 4 ～ 5 月，金黄色，极繁茂。在长江流域分布甚为普遍，具观赏价值。常栽培在家属区、学生区和食堂旁边的稀疏林地。

石楠 蔷薇科

Photinia serratifolia

常绿灌木或小乔木，生于我国大部分地区。株高可达12m；叶互生，叶片革质，长椭圆形或长倒卵形，先端尾尖，边缘锯齿；花期4～5月，复伞房花序顶生，花瓣白色，近圆形；果期10～12月，果实红色，球形。除观赏外，叶和根可入药。在青年湖、第一运动场北侧、国际交流中心西侧、附属学校院内等处有广泛种植。

红叶石楠 蔷薇科

Photinia×fraseri

是石楠属杂交种的统称。为常绿小乔木；小枝褐灰色，无毛。叶革质，互生，春季新叶红艳，夏季转绿，秋、冬、春三季呈现红色。

霜重色愈浓，低温色更佳。做行道树，其杆立如火把；做绿篱，其状卧如火龙。春秋两季，色彩艳丽持久，极具生机，夏季叶色转为亮绿色，给人清新凉爽之感觉。

椤木石楠

蔷薇科

Photinia davidsoniae

常绿乔木，分布于我国中部和南部地区。幼枝黄红色，后成紫褐色，有稀疏平贴柔毛，短枝常有刺。叶片革质，矩圆形或倒披针形，边缘有带腺的细锯齿而略反卷。花多数，呈顶生复伞房花序；花白色，直径 10 ～ 12mm；花瓣圆形。梨果球形或卵形，黄红色，无毛。本种和石楠相近，但后者的叶柄较长，幼枝和花序皆无毛，花朵和果实都较小，易区别。校园栽培较多，校医院东侧已种植成林，家属区、逸夫楼东边也有栽培。

火棘 蔷薇科

Pyracantha fortuneana

常绿灌木，产于我国中部和西南各省。株高可达3m。侧枝短，先端呈刺状，嫩枝外被锈色短柔毛；叶片倒卵形或倒卵状长圆形，先端圆钝或微凹，有锯齿；花期3～5月，复伞房花序，花瓣单瓣，白色，近圆形；果期8～11月，果实扁圆，近球形，橘红或深红色。常作绿篱用，为著名的观果植物，果实还可药用。校园种植很多，狮子山广场、荟园、家属区等地都有栽培。

含羞草科 合欢

Albizia julibrissin

又名马缨花。落叶乔木，产于我国东北至华南及西南部各省区。高可达16米；二回羽状复叶，托叶线状披针形，早落；花期6～7月，头状花序于枝顶排成圆锥状；花萼、花冠均为5个裂片，较小，花丝长，粉红色。果期8～10月，荚果带状。校园栽培较多，作行道树或观赏用，狮子山广场、土肥楼南侧等地种植的合欢已成林。

合欢的名字如此优雅，即使你没有见过，也会莫名喜欢它。合欢的形态如此优雅，那一朵朵粉色的小绒球，不知道吸引了多少路人的目光。难得一种乔木，却能开出这么温婉的花来。叶子虽是复叶，却包含着那么多秀气至极的小叶，细细碎碎，翠翠绿绿。

栽一棵于院中，闲，看庭前花开花落；静，观天上云卷云舒。

（曲良焕）

含羞草科 含羞草

Mimosa pudica

直立或蔓生半灌木，热带地区广布。枝散生倒刺和锐刺。羽片2～4个，掌状排列；小叶14～48枚，触之即闭合而下垂。花期5～8月，头状花序长圆形；花淡红色。果期8～9月，荚果扁，边缘有刺毛。种子红色。全草可药用。校园草地有零星分布，花卉基地有栽培。

山合欢 含羞草科

Albizia kalkora

又名山槐。我国分布于华北、西北、华东、华南至西南部各省区。落叶乔木。枝条暗褐色，有显著皮孔。二回羽状复叶，羽片 2 ～ 4 对；小叶多对，长圆形，基部偏斜，中脉偏于上侧。花期 5 ～ 7 月，头状花序 2 ～ 7 枚生于叶腋，或于枝顶排成圆锥花序，花初白色，后变黄。果期 8 ～ 10 月，荚果带状，熟时深棕色，种子倒卵形。本种花期美丽，广为栽培观赏。我校狮子山广场南部种植有多株。

云实科 紫荆

Cercis chinensis

小乔木，分布于我国东南部地区，是春季的主要观赏花卉之一。单叶近心形，全缘，叶脉掌状，有叶柄。花期 3 ～ 4 月，先于叶开花，花紫红色或粉红色，2 ～ 10 余朵成束，簇生于老枝和主干上，尤以主干上花束较多；花冠假蝶形，龙骨瓣基部具深紫色斑纹。果期 6 月，荚果扁狭长形，绿色。校园广为栽培，行政楼前、二教东边、各小区都有种植。

紫荆赏花在早春。花形似蝶，红紫色，春季先花后叶，花朵繁多，名副其实的花团锦簇，不仅幼枝，老茎亦能生花，颇为神奇。

紫荆观叶在初夏。长成后的叶片圆心形，是豆科植物中少有的单叶，微风徐来，绿叶婆娑，满目苍翠。

紫荆看果在中秋。荚果扁平，狭长，由青绿而色彩渐失，终成深褐色，虽经冬而不落。

紫荆品枝在寒冬。落叶后的枝干虬曲蜿蜒，任岁月的刻刀刻上沧桑。

紫荆有灵性，它以花、叶、果、枝灵动了四季，使得岁月动容。

（龙鸿）

蝶形花科

白刺花

Sophora davidii

又名狼牙刺、马蹄针。原产于我国东部与西南地区。灌木或小乔木，枝多开展。奇数羽状复叶，叶片椭圆形或倒长倒卵形。花期 3 ～ 8 月，总状花序着生于老枝顶，花序稍微下垂；花萼钟状，蓝紫色；花冠蝶形，白色或淡黄色，有时旗瓣稍带红紫色。果期 6 ～ 10 月，荚果串珠状，成熟后黄褐色。花卉基地有栽培。

白刺花春季开花稠密，颜色素雅，并有淡淡的芳香；夏秋季节绿叶清秀，浓绿苍翠；冬季落叶后则深黑褐色树干铁骨铮铮，给人以苍老古朴之感。在园林中可作绿篱植物，也可孤植、片植于林地的边缘、草坪等处，还可制作盆景或盆栽观赏。

白车轴草

Trifolium repens

又名白三叶。多年生草本，原产于欧洲和北非。茎匍匐蔓生，节上生根，全株无毛。掌状三出复叶，小叶倒卵形至近圆形，顶端圆或微凹，叶面常有白晕。花期 5 ～ 9 月，花序头状，有长总花梗；花萼筒状，蝶形花冠白色或淡红色，旗瓣椭圆形。荚果倒卵状椭圆形，种子近圆形，黄褐色，果期 8 ～ 9 月。校园草坪中最常见的杂草，也有栽培作草坪或牧草。

蝶形花科 扁豆

Lablab purpureus

一年生草本，我国各地广泛栽培。茎缠绕，常呈淡紫色。羽状复叶具3小叶。腋生总状花序直立，花序轴粗壮，花2至多朵簇生于每一节上；花蝶形，红色或白色。荚果扁，镰刀形，或绿或红。种子扁，长圆形，白色或紫黑色。花果期4～12月。校园菜地有种植。

蝶形花科 豇豆

Vigna unguiculata

一年生缠绕草本，我国各地普遍栽培。全株无毛。小叶3片，菱状卵形。花果期6～9月。总状花序腋生；萼钟状，萼齿三角状卵形；蝶形花；花冠淡紫色；子房被短柔毛，花柱上部有淡黄色髯毛。荚果长条形，下垂，肉质而柔软，绿色或紫红色。荚果可食。校园菜地有种植。

蚕豆 蝶形花科

Vicia faba

又称胡豆、佛豆。原产于欧洲、亚洲至北非，现全国各地均有栽培。一年生草本，茎方形。偶数羽状复叶，小叶 2 ～ 6 对，椭圆形或长圆形。花期 4 ～ 5 月，总状花序腋生，具花 2 ～ 4 朵，呈丛状着生于叶腋，花冠白色，具紫色脉纹及黑色斑晕。果期 5 ～ 6 月，荚果肥厚。种子长方圆形。蚕豆是人类最早栽培的豆类作物之一。作为粮食磨粉制糕点、小吃。嫩时作为时新蔬菜或饲料。校园各处菜地可见栽培。

豌豆 蝶形花科

Pisum sativum

一年生攀援草本。起源于亚洲西部和地中海地区。全株绿色，光滑、被粉霜。复叶具小叶 4 ～ 6 片，叶轴顶端为分枝卷须；托叶大，心形。花期 6 ～ 7 月，花于叶腋单生或数朵排列为总状花序，花冠颜色多样，多为白色和紫色。果期 7 ～ 9 月，荚果长椭圆形，种子圆形。种子及嫩荚、幼苗均可食用。校园各菜地均有栽培。

蝶形花科 救荒野豌豆

Vicia sativa

又称大巢菜。一年或二年生草本。原产于欧洲南部、亚洲西部。茎斜升或攀援，单一或多分枝，具棱。偶数羽状复叶，叶轴顶端有卷须，具小叶多对，小叶长椭圆形或倒卵形。花期4～7月，蝶形花1～2朵腋生，无花柄，花冠紫红色或红色。果期7～9月，荚果线形扁平，有数粒种子。为绿肥及优良牧草；全草药用。广布于校园各处草坪及田埂、路边。

春天，当杜鹃花开得如火如荼时，田野中的紫云英也拥簇在一起，汇集成紫红的花海。它细长的茎，尖尖的叶，紫红的花瓣，清清淡淡的花香，吸引了成群的蜜蜂。紫云英的花悦了我们的目，紫云英蜜甜了我们的味蕾。

（赵毓）

紫云英 蝶形花科

Astragalus sinicus

一年或二年生草本，原产于我国长江流域。主根肥大，多分枝，匍匐。奇数羽状复叶，具 7 ～ 13 片小叶。花期 2 ～ 6 月，总状花序呈伞形，生 5 ～ 10 朵花，总花梗腋生，较叶长，苞片三角状卵形，花梗短，花冠紫红色或橙黄色，旗瓣倒卵形。果期 3 ～ 7 月，荚果线状长圆形，稍弯曲，顶端具短喙，黑色。为优良的牧草、绿肥和蜜源植物。校园试验田有种植，荒地里有零星野生分布。

蝶形花科

刺槐

Robinia pseudoacacia

又名洋槐。落叶乔木，原产于美国东部。株高可达25米，树皮灰褐色至黑色，枝具托叶变化成的针刺。奇数羽状复叶，小叶7～15枚，卵形或长椭圆形，先端圆或微凹。总状花序腋生，下垂；花冠白色，蝶形，芳香；雄蕊10枚，2体（9个联合，1个分离）。荚果扁平，长矩形。狮子山上、三教楼前等校园多处栽培作行道树。

蝶形花科

毛刺槐

Robinia hispida

也称毛洋槐、红刺槐。原产于北美。落叶乔木，高达25m。茎、小枝、花梗均密被红色刺毛。托叶不变，呈刺状。羽状复叶，小叶7～13枚，椭圆形至近圆形，叶端钝，有小尖头。花粉红或紫红色，2～7朵呈稀疏的总状花序。荚果，具腺状刺毛。红花刺槐花大色美，可作行道树和庭院植物，供人欣赏。学生博园食堂东边种植有一大片红刺槐林。

○ 龙爪槐 蝶形花科

Sophora japonica var. *Japonocia* f. *pendula*

多年生小乔木，槐的变型种。小枝柔软下垂，树冠如伞，枝条构成盘状，上部蟠曲如龙，老树奇特苍古。树势较弱，主侧枝差异性不明显，大枝弯曲扭转，小枝下垂。羽状复叶。圆锥花序顶生；蝶形花冠白色或淡黄色，荚果串珠状。种子卵球形。因其树形奇特，是园林绿化中的重要树种。果树试验场、国际交流中心、百景苑等多处有栽培。

○ 紫穗槐 蝶形花科

Amorpha fruticosa

落叶灌木，丛生。原产于美国。小枝灰褐色。奇数羽状复叶，小叶11～25片，卵形或椭圆形，先端有一短而弯曲的尖刺。花、果期5～10月。总状花序穗状顶生，花小，排列紧密；花冠仅具旗瓣，蓝紫色。荚果短，微弯曲。花卉基地内有种植，校园一些疏林地内偶见分布。

蝶形花科 紫藤

Wisteria sinensis

落叶藤本植物，产于河北以南黄河长江流域及南部地区。枝较粗壮，缠绕于其他物体上。奇数羽状复叶，小叶 3～6 对，纸质，卵状椭圆形至卵状披针形。花期 4～6 月，总状花序长，下垂状，发自去年短枝的腋芽或顶芽；花紫色或深紫色，花瓣基部有爪。果期 7～8 月，荚果。本种我国自古即栽培作庭园棚架植物，先叶开花，紫穗满垂缀以稀疏嫩叶，十分优美。第一运动场西侧栏杆边、百景苑等处有种植。

千屈菜科

紫薇

Lagerstroemia indica

落叶灌木或小乔木，广泛分布于我国。枝多扭曲，树干光滑，用手抚摸，全株微微颤动，故俗名“痒痒树”。单叶互生或近对生，近无柄，椭圆形。花期6～9月，长达百余日，故又名“百日红”。圆锥花序顶生，花大而美丽，花瓣6枚，粉红、红或白色，边缘有不规则皱缩，基部有长爪；雄蕊多数。果期9～12月，蒴果，椭圆状球形，6瓣裂。著名观赏植物。校园栽培很多，如学校大门附近、逸夫楼南侧草坪、荟园食堂、教工食堂等地都有种植。

紫薇垣是主帝王宫苑的星群，紫薇花是唐朝时盛植于长安宫廷之中的富贵之花，唯中郎将以上可受恩赐以种植。杨万里颂“似痴如醉丽还佳，露压风欺分外斜。谁道花无红百日，紫薇长放半年花。”现如今，紫薇已入寻常百姓家。“紫薇花开百日红，轻抚枝干全树动。”校园中点缀疏林草地的“痒痒树”，是否曾留下你青春期的悸动和羞涩的回忆？

(胡春根)

瑞香科

结香

Edgeworthia chrysantha

灌木，产于河南、陕西及长江流域以南诸省区。小枝粗壮，常作三叉分枝，韧皮极坚韧，可结节。叶在花前凋落。头状花序顶生或侧生成绒球状；花黄色，芳香，无梗，顶端 4 裂，花萼外面密被白色丝状毛。果椭圆形，绿色。花期冬末春初，果期春夏间。北苑家属区和学生宿舍区等地有栽培。

结香并未“了结了香”，而是将香气融进了骨子里，以至于柔弱的幼枝无骨，可以打结而不断，故名打结树。

民间传说在结香树上打结可收获意外的惊喜：美梦可成真，噩梦能辟邪，所以结香又被称作“梦花”。

心有千千结，万般舍不得香……

（龙鸿）

石榴的花果颜色鲜红，寓意吉祥，又因其容易栽培，深受人们的喜爱。开花时节，一片红红火火，因而成为农历5月的“月花”。果期正值秋收时节，满树硕果，象征丰收和多子多福。

（陈春丽）

石榴 石榴科

Punica granatum

又名安石榴。落叶灌木或小乔木，原产于巴尔干半岛至伊朗及其邻近地区，全世界的温带和热带都有种植。枝条顶端多为刺状。叶通常对生，纸质，矩圆状披针形，上面光亮。花大，1～5朵生枝顶；萼筒长，通常红色或淡黄色，裂片略外展，卵状三角形；花瓣通常大，红色、黄色或白色。浆果近球形，常为淡黄褐色或淡红色。种子多数，钝角形，红色至乳白色，肉质的外种皮供食用。宝积苑、西苑等家属区种植较多。

山茱萸科 毛梾

Cornus walteri

落叶乔木，分布于我国大部分地区。高 6～15m。树皮厚，黑褐色，幼枝对生。叶对生，纸质，椭圆形、长圆椭圆形或阔卵形；中脉在上面明显，下面凸出。花期 5 月，伞房状聚伞花序顶生，花排列紧密；花白色，有香味，裂片 4，与花盘近于等长。果期 9 月，核果球形，成熟时黑色。种植在校医院和校正门内侧，栽培观赏。

柳叶菜科 美丽月见草

Oenothera speciosa

月见草的变型种，直立二年生粗状草本，原产于北美洲。少分枝，具粗长毛。下部叶线状倒披针形，茎生叶披针形。穗状花序，不分枝，或在主序下面具次级侧生花序；花红色，傍晚至夜间开放，有清香。果上部常增粗。花期 7～9 月。大学生宿舍和花卉基地有栽培。

喜树

蓝果树科

Camptotheca acuminata

落叶大乔木，产于我国中部与南部多省。树皮纵裂成浅沟状。叶互生，矩圆状卵形或椭圆形，中脉在叶面微下凹，在叶背面凸起。头状花序近球形，顶生或腋生，通常上部为雌花序，下部为雄花序。花杂性，同株；花瓣 5 枚，淡绿色，早落；子房在两性花中发育良好。翅果矩圆形，顶端具宿存的花盘，两侧具窄翅，幼时绿色，干燥后黄褐色，成近球形的头状果序。花期 5 ～ 7 月，果期 9 月。学校行政楼前有多株大树。

卫矛科 大叶黄杨

Euonymus japonicus

又名冬青卫矛。常绿灌木，产于我国华南和西南各省。小枝四棱，光滑无毛。叶对生，革质，卵形、椭圆状或长圆状披针形，边缘具浅细钝齿；叶面光亮。花期6～7月，二歧聚伞花序，分枝及花序梗均扁壮；花白绿色。果期9～10月，蒴果，假种皮桔红色。校园各处有大量栽培，主要用作绿篱。

卫矛科 金边大叶黄杨

Euonymus Japonica 'Aurea-marginatus'

大叶黄杨的栽培变种。常绿灌木或小乔木，小枝略为四棱形。叶缘有黄斑纹，边缘具钝齿，有光泽。聚伞花序腋生，花绿白色。蒴果球形。适用于门庭和中心花坛布置，也可盆栽观赏。校园栽培作绿篱。

乌桕 大戟科

Sapium sebiferum

落叶乔木，主要分布于我国黄河以南各省区。植株具白色乳状汁液；树皮暗灰色，有纵裂纹。叶纸质，叶片菱形或菱状卵形，顶端骤然紧缩具长短不等的尖头。花期 5～6 月，花单性，雌雄同株，聚集成总状花序；雌花常生于花序轴最下部，子房卵球形，柱头外卷。果期 9～11 月，蒴果梨状球形。种子黑色，外被白色、蜡质的假种皮。工业用油料植物。狮子山分布较多，校园其他地方也有种植。

大戟科 油桐 ○

Vernicia fordii

落叶小乔木，我国广布种。叶卵圆形，全缘或三浅裂。叶柄圆形，顶端与叶片连接处有2个红色或紫色腺体。4～5月开花，花先叶开放，花瓣白色，有淡红色条纹，5枚。果期7～10月，核果球形，种子具厚壳状种皮。工业用油料植物，狮子山分布较多，主楼前阶梯两侧也有种植。

山麻杆 大戟科

Alchornea davidii

落叶灌木。原产于中国，茎干直而丛生，茎皮红色，早春嫩叶紫红色，后转为红褐色。叶薄纸质。花期 3 ～ 5 月，雌雄异株。雄花序穗状，1 ～ 3 个生于一年生枝已落叶的腋部；雌花序总状，顶生。果期 6 ～ 7 月，蒴果近球形。是良好的观茎、观叶树种，茎皮纤维发达可供造纸或纺织用。学校幼儿园院子里有栽培。

白背叶 大戟科

Mallotus apelta

又名白叶野桐。直立灌木或小乔木，产于我国南部地区。单叶互生，阔卵形，具 2 腺点，上面绿色，背面灰白色。花单性异株；为不分枝或分枝的穗状花序；蒴果近球形，密被羽状软刺和灰白色或淡黄色星状绒毛。花期 4 ～ 7 月，果期 8 ～ 11 月。种子含油，茎皮富含纤维。主要分布在狮子山上，也见于校园内一些林下。

大戟科

叶下珠

Phyllanthus urinaria

一年生草本，我国分布较广。茎直立，基部多分枝，倾卧而后上升，枝具翅状纵棱。复叶2列互生。花期4～6月，花小，单性，雌雄同株，无花瓣；雄花2～3朵簇生；雌花单生于小枝中下部的叶腋内。果期7～11月，蒴果球状，熟时红色，吊挂于叶腋下。全株可药用。校园草坪里、林下有分布。

大戟科

泽漆

Euphorbia helioscopia

别名五朵云。广布于全国。一年生草本，全株含白色乳汁。根纤细，茎直立，单一或自基部多分枝。叶互生，倒卵形或匙形，顶端钝圆或微凹。茎端具5片轮生的叶状总苞；杯状花序钟形，顶端4浅裂；雄花数枚；雌花1枚。蒴果三棱状。广布校园，野生于草坪、路边及荒地。

马甲子

鼠李科

Paliurus ramosissimus

又名铁篱笆。落叶灌木，广泛分布于长江以南各省。木材坚硬，小枝有刺，长，硬。叶互生，卵形，边缘有细圆齿，叶腋有对长刺；幼叶下面密生锈色短绒毛。花期5～8月，聚伞花序腋生；花小，黄绿色。果期9～10月，核果盘状，周围有木栓质，密生褐色短毛。常作绿篱。种植于柑橘楼、果树基地、桃园四周。

拐枣

鼠李科

Hovenia acerba

又称枳椇、鸡爪树。高大落叶乔木，分布于我国大部分省区。株高7～15m。叶卵形，叶脉掌状，微红，上凹下突。花期6月，单性花生在同一个花序；花白色，无花瓣。果期11月，果长圆形，外果皮革质，内果皮木质，果轴弯曲，故名拐枣，可食用。狮子山北坡有几棵高大的树木。

葡萄科 乌蔹莓

Cayratia japonica

又名五爪金龙，草质藤本，国内分布广泛。茎具卷须。鸟足状5小叶组成复叶，小叶椭圆形至狭卵形，中间小叶较大，侧生小叶较小。花期3～8月，聚伞花序腋生或假腋生，具长柄；花小，黄绿色。果期8～11月，浆果卵形，成熟时黑色。全草入药。校园随处可见的野生种，林缘、肥沃土地上生长及旺盛。

葡萄科 葡萄

Vitis vinifera

落叶木质藤本，原产于亚洲西部，我国各地栽培。小枝圆柱形，卷须2叉分枝。叶圆卵形，3～5裂。花期4～5月，圆锥花序密集或疏散，多花，与叶对生，基部分枝发达；花杂性；花瓣5枚，呈帽状粘合脱落。果期8～9月，浆果球形或椭圆形。种子倒卵椭圆形，基部有短喙。为著名水果,生食，酿酒或制葡萄干。校内果树标本园及科研基地有种植。

爬山虎

葡萄科

Parthenocissus tricuspidata

又名三叶地锦、爬墙虎。原产于我国。多年生大型落叶木质藤本植物。枝上有卷须，多分枝，卷须顶端及尖端有粘性吸盘。叶互生，基部楔形，变异很大，秋季变为鲜红色。雌雄同株，聚伞花序常着生于两叶间的短枝上，与叶对生；花小，两性，黄绿色。果期9～10月，浆果小，球形，熟时蓝黑色。宝积苑附近、棉花楼旁边、附小、家属区等处有种植。一般用于垂直绿化。

它看似平凡，可浑身都散发着生命的激情和热情，坚韧不屈，用无数只“脚”攀附墙壁。在一次次的不经意间，又迈出了一步，努力向上攀登，它柔软而强劲的身体里，显露的坚强毅力和无限生机，给人以力量和鼓舞。

（赵毓）

五叶爬山虎

葡萄科

Parthenocissus quinquefolia

又名五叶地锦，原产于美国。落叶木质藤本。老枝灰褐色，幼枝带紫红色。卷须与叶对生，顶端吸盘大。掌状复叶，具五小叶。聚伞花序集成圆锥状。花期6月，果期10月。浆果近球形，熟时蓝黑色、具白粉。宝积苑附近有种植，一般用于垂直绿化、立体绿化和地被应用。

复羽叶栾树

Koelreuteria bipinnata

落叶乔木，树冠伞形。产于中国中南部，是常见的风景树。二回羽状复叶，纸质或近革质，边缘有内弯的小锯齿。花期 8 ～ 9 月，顶生圆锥花序，大型，花瓣黄色。果期 10 ～ 11 月，蒴果具 3 棱，膜质果皮膨大如小灯笼，淡紫红色，老熟时褐色，成串挂在枝顶，甚是好看。校园中集中栽培于自强路和学府路两侧，是入秋校内一道非常靓丽的风景。

无患子科

无患子

Sapindus mukorossi

落叶大乔木，产于我国东部、南部至西南部。高可达 20 余 m，树皮灰褐色或黑褐色，嫩枝绿色，无毛。小叶 5 ～ 8 对，叶长椭圆状披针形或稍呈镰形。花期 4 ～ 5 月。圆锥花序顶生，花小，花瓣 5 枚，有长爪，内面基部有 2 个耳状小鳞片。果期夏秋，核果近球形，橙黄色，干时变黑。狮子山广场喷泉南侧有数株大树。

红槭 槭树科

Acer palmatum f. *atropurpureum*

落叶小乔木。原产于日本，我国各地有栽培。小枝紫或淡紫色，老枝淡灰紫色。叶掌状深裂，密生尖锯齿，上面无毛，下面脉腋具白色簇生毛。花小，紫色，伞房花序。幼果紫红色，熟后褐黄色，果核球形，脉纹显著，果翅成钝角。花期5月，果期9月。教学区、家属区、学生宿舍等地广泛栽培，微生物国家重点实验室周边的树林中种植较多。

槭树科 三角槭

Acer buergerianum

别名三角枫。落叶乔木，产于我国中部和南部省区。高 5 ～ 10m；树皮暗灰色，片状剥落。叶倒卵状三角形或三角形，通常 3 裂而呈三叉状，全缘或略有浅齿。伞房花序顶生，有柔毛；花黄绿色，先叶后开花；子房密生柔毛。翅果棕黄色，两翅呈镰刀状。小坚果。花期 4 ～ 5 月，果熟期 9 ～ 10 月。是良好的园林绿化和观叶树种。狮子山、青年湖等地有种植。

槭树科 樟叶槭

Acer cinnamomifolium

常绿乔木，主要分布于我国东南方地区。高 10 ～ 20m；树皮淡黑褐色或淡黑灰色；幼枝淡黄褐色或淡紫褐色，密生绒毛。叶革质，矩圆形或矩圆状披针形，上面绿色，下面淡绿色，有白粉和淡褐色绒毛。翅果张开成直角或锐角，着生于有绒毛的伞房果序上。狮子山上有分布。

○ 盐肤木 漆树科

Rhus chinensis

又称五倍子树。分布于我国大部分地区。落叶小乔木或灌木。奇数羽状复叶，叶轴具宽的叶状翅，叶轴和叶柄密被锈色柔毛。花期 8 ～ 9 月，圆锥花序宽大，花白色，单性。果期 10 月，核果球形，成熟时红色。本种为五倍子蚜虫寄主植物，在幼枝和叶上形成虫瘿，即五倍子，可供鞣革、医药、塑料和墨水等工业上用。狮子山上、土化楼西侧等地有栽培多年的树木。

○ 楝 楝科

Melia azedarach

落叶乔木，产于我国黄河以南各省区。叶为 2 ～ 3 回奇数羽状复叶，顶生小叶通常略大。花期 4 ～ 5 月，圆锥花序约与叶等长，花芳香，花瓣 5 枚，淡紫色，倒披针形，有短柔毛。果期 10 月，核果近球形，淡黄色，种子椭圆形。用于绿化和观赏。校园栽培较多，南湖边、狮子山、青年湖等处可见。

芸香科

温州蜜柑

Citrus reticulata 'Unshiu'

常绿小乔木，原种起源于我国。分枝多。单生复叶，翼叶通常狭窄，叶片椭圆形，顶端常有凹，叶柄较长且略粗壮。花期4月，花单生或2～3朵簇生；花大，白色；雄蕊20～25枚，花丝常3～5枚合生。果期10月上旬至12月，柑果扁圆形，果皮疏松，瓢囊8～12瓣，肉瓤极易分离，通常无种子。重要果树，是生食和制罐头的主要柑橘品种。校园绿化区域和果树科研基地有种植。

我校邓秀新院士领衔的国家级创新研究团队，在柑橘优异种质资源发掘、创新与新品种选育和推广等领域，取得了多项突破性进展和科研成果。

芸香科

柚

Citrus maxima

常绿乔木，原产于我国。嫩枝扁，被柔毛，有刺。叶宽卵形至椭圆状卵形，叶柄有倒心形宽翅。花期4～5月，花单生或簇生于叶腋，花瓣反曲。果期9～12月，果大，圆球形至扁球或梨形，果皮厚或薄，海绵质，油胞大，凸起，果心实但松软，瓢囊10～15或多至19瓣。我国重要果树。校园果树科研基地有种植。

芸香科 甜橙

Citrus sinensis

常绿乔木，我国秦岭以南广泛栽培。枝少刺或近于无刺。叶通常比柚叶略小，翼叶狭长，明显或仅具痕迹，叶片卵形或卵状椭圆形，很少披针形。花白色，很少背面带淡紫红色；总状花序有花少数，或兼有腋生单花；雄蕊 20 ～ 25 枚；花柱粗壮，柱头增大。果圆球形，扁圆形或椭圆形；橙黄至橙红色；果皮难或稍易剥离，瓢囊 9 ～ 12 瓣，果心实或半充实；果肉淡黄、橙红或紫红色；味甜或稍偏酸；种子少或无，种皮略有肋纹。花期 3 ～ 5 月，果期 10 ～ 12 月，迟熟品种至翌年 2 ～ 4 月。校园果树科研基地有种植。

学者Swingle把甜橙分为三类，即普通甜橙，脐橙和血橙。普通甜橙果皮一般较圆滑，果顶有时有环圈，无脐或极少有脐，果肉橙黄至橙红色。脐橙类主产区在美洲各国，主要特征是果顶有脐，果形一般较大，果皮较粗糙，但较易剥离，果肉的酸分较高。血橙类主产于非洲北部和欧洲南部地中海沿岸各国，成熟的果肉、甚至中果皮也有血红色或紫红色色素，但未成熟的果则不着色。

○ 金柑 芸香科

Fortunella japonica

小乔木或灌木，我国秦岭以南有分布。树高2～5m，枝有刺。小叶卵状椭圆形或长圆状披针形，顶端钝或短尖，基部宽楔形；翼叶狭至明显。花单朵或2～3朵簇生，雄蕊15～25枚，花丝不同程度合生成数束。果圆球形，果皮橙黄至橙红色，味甜；油胞平坦或稍凸起，果肉酸或略甜。种子2～5粒。花期4～5月，果期11月至翌年2月。在人工栽培情况下，一年开花三次，第一次在3～4月，最后一次在8～9月。校园果树科研基地有种植。

○ 枳 芸香科

Poncirus trifoliata

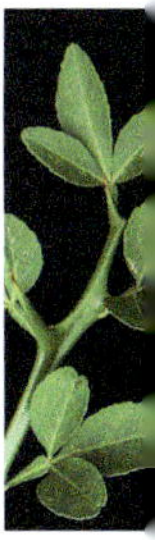

又名枸橘、枳壳，落叶灌木或小乔木，全国广泛分布。分枝多，密生刺，复叶具3小叶。花期5～6月，花单生或成对腋生，常先叶开放，雄蕊通常20枚，花丝不等长。果期10～11月，柑果球形或梨形，味酸苦，带涩味，密被柔毛，瓢囊6～8瓣，内含多数种子。常作柑橘属果树砧木，果供药用。校园果树科研基地有种植。

芸香科

竹叶花椒

Zanthoxylum armatum

落叶小乔木，产于山东以南地区。茎枝多锐刺，刺基部宽而扁；新生嫩枝紫红色。复叶有小叶 3 ～ 9 片，翼叶明显；小叶披针形，中脉上常有小刺；在齿缝处或沿小叶边缘有油点。花序近腋生或同时生于侧枝之顶;单性花，花小。果紫红色，果皮有微凸起少数油点。种子褐黑色。全株有花椒气味，麻舌，苦及辣味均较花椒浓。花期 4 ～ 5 月，果期 8 ～ 10 月。狮子山上分布较多，校园内偶见。

酢浆草

酢浆草科

Oxalis corniculata

多年生草本，被疏柔毛，高10～35cm，全国广布；根茎稍肥厚。茎细弱，多分枝，直立或匍匐。叶基生或茎上互生，小叶3片，无柄，倒心形。花单生或数朵集为伞形花序状；花瓣5枚，黄色，长圆状倒卵形。蒴果长圆柱形。种子长卵形，具横向肋状网纹。花、果期2～9月。校园草坪中常有野生分布，路边绿篱下，草地上多见。

红花酢浆草

酢浆草科

Oxalis corymbosa

多年生直立草本，原产于南美热带地区。无地上茎，地下部分有球状鳞茎。叶基生，被毛，小叶3片，扁圆状倒心形。总花梗基生，二歧聚伞花序，通常排列成伞形花序式；花梗、苞片、萼片均被毛；花瓣倒心形，淡紫色至紫红色，基部颜色较深，有粉红色腺纹。花、果期3～12月。校园各处栽培作地被花卉。

野老鹳草

牻牛儿苗科

Geranium carolinianum

一年生草本，高 20 ～ 50cm，主要分布于河南以南。茎密被倒向短柔毛。叶在茎上部对生，下部互生，叶片圆肾形，掌状 5 ～ 7 深裂，裂片再 3 ～ 5 浅裂。花成对集生于茎端或叶腋，花瓣淡红色，5 片覆瓦状排列。蒴果，顶端有长喙成熟时开裂。分布于校园荒地田野；全草入药，有祛风通络、收敛止泻之功效。

天竺葵

牻牛儿苗科

Pelargonium hortorum

多年生草本，原产于非洲南部。茎直立，具明显的节，密被短柔毛；叶互生；叶片圆形或肾形，茎部心形，边缘波状浅裂，具圆形齿。伞形花序腋生，具多花，总花梗长于叶。花瓣红色、橙红、粉红或白色，宽倒卵形，先端圆形，基部具短爪，下面 3 枚通常较大。蒴果，被柔毛。花果期 5 ～ 9 月。校园花坛内、花卉基地有栽培。

旱金莲

旱金莲科

Tropaeolum majus

一年生肉质草本，蔓生。原产于南美秘鲁、巴西等地。我国普遍引种作为庭院或温室观赏植物。叶互生；叶柄盾状，着生于叶片的近中心处；叶片圆形，叶柄着生处向四面放射。单花腋生，花黄色、紫色、橘红色或杂色；果扁球形。花期 6～10 月，果期 7～11 月。花卉基地有栽培，校园草地上偶见。

因民间常用其花染指甲，故名指甲花。其花头、翅、尾、足俱翘然如凤状，又浪得"凤仙透骨草"之美名；其果呈纺锤形，成熟后，只要用手轻轻一碰，种子迅速弹出，因此被称作"急性子"。

（齐迎春）

凤仙花

凤仙花科

Impatiens balsamina

一年生草本，全国广布种。茎粗壮，肉质。叶互生，披针形、或狭椭圆形；叶片基部和叶柄两侧常有数对黑色腺体。花单生或 2～3 朵簇生于叶腋，白色、粉红色或紫色，单瓣或重瓣；侧生萼片 2 片，唇瓣深舟状，被柔毛；旗瓣圆形，翼瓣具短柄。蒴果宽纺锤形。花期 7～10 月，为民间常见观赏花卉，也可药用。散生于校园草地、绿篱中。

五加科

八角金盘

Fatsia japonica

常绿灌木或小乔木，长江以南地区广为栽培。叶近圆形，掌状 7～11 深裂；叶革质，背面深绿而有光泽。近 20 朵小花聚集成圆锥状聚伞花序，顶生；花小，乳白色或淡绿色；花瓣长三角形，膜质，开花时反卷。果球形，红褐色。常用作城市绿化和庭园观赏。我校行政楼前、三教门前、第一综合楼 B 座门前等地均有栽培。

小窃衣 伞形科

Torilis japonica

又名破子草。一年或多年生草本，我国广布种。茎有纵条纹及刺毛。叶柄下部有窄膜质的叶鞘；叶片长卵形，1～2回羽状分裂。复伞形花序顶生或腋生；总苞片常线形；伞辐4～12；小苞片线形或钻形；花瓣白色、紫红或蓝紫色。果实圆卵形，通常有内弯或呈钩状的皮刺。花果期4～10月。生长在杂木林下、林缘、路旁、水边草丛。

伞形科 芫荽

Coriandrum sativum

又名香菜。一年生草本，原产于地中海地区。全株具强烈香气。茎生叶 2 ~ 3 回羽状深裂，最终裂片狭条形，全缘。花果期 4 ~ 11 月。复伞形花序顶生；花小，白色或淡紫色；花瓣倒卵形，顶端有内凹的小舌片。双悬果近球形，光滑，果棱稍凸起。茎、叶作蔬菜和调味料，果实可提芳香油。校园菜地有种植，草地上有零星散生。

伞形科 野胡萝卜

Daucus carota

一年或二年生草本。分布于我国中南部省区。根细，多分枝。茎直立，全体有白色粗硬毛。2 ~ 3 回三出羽状复叶，末回裂片线形或披针形，有叶鞘。花期 5 ~ 7 月，复伞形花序 2 ~ 3 个，总花梗长，总苞具多数羽状分裂或不分裂的苞片；小花序中心的花常不育；花通常白色，有时带淡红色；花瓣倒卵形，有 1 内折小舌片。双悬果卵圆形。分布于校园路旁荒地。

络石

夹竹桃科

Trachelospermum jasminoides

常绿木质藤本，原产于中国，日本、朝鲜和越南也有分布。有气生根，常攀缘在树干、岩石、墙垣上生长。单叶对生，革质或近革质。花期3～7月，开白色花，芳香；花萼5深裂，顶部反卷，花冠高脚碟状，5裂，裂片偏斜呈螺旋形排列，略似“卐”字。果期7～12月。蓇葖果双生，叉开。校园内广布。

花叶蔓长春花

夹竹桃科

Vinca major ‘Variegata’

蔓长春的栽培变种。蔓性半灌木，原产于欧洲、印度和热带美洲。茎偃卧，花茎直立。叶椭圆形，叶的边缘黄白色，或有黄白色斑点。花期3～5月，花单朵腋生；花蓝色，花冠筒漏斗状，花冠裂片倒卵形，先端圆形。蓇葖果。是一种良好的垂直观叶植物和地被植物。校园内栽培于花卉基地。

夹竹桃

夹竹桃科

Nerium indicum

常绿直立大灌木，高可达 5m。野生于伊朗、印度、尼泊尔，现广植于世界热带地区。嫩枝条具棱，被微毛。叶 3 ～ 4 枚轮生，窄披针形，叶面深绿；花期几乎全年，夏季最盛；聚伞花序顶生，花萼红色披针形；花冠深红、粉红、黄色或白色；花冠多为重瓣，裂片组成三轮，内轮为漏斗状，外面二轮为辐射状。叶、根、花、树皮和种子均有毒。校园内十分常见的垂直绿化花卉。

○ 白英 茄科

Solanum lyratum

多年生草质藤本，全国各地均有分布。茎及小枝均密被具节长柔毛。叶互生，多为琴形。花期 7～8 月，聚伞花序顶生或腋外生，疏花；萼环状；花冠蓝紫色或白色，先端被微柔毛，开放后翻卷。果期 9～10 月，浆果球状，成熟时红黑色。全草入药。见于校园杂木林下和林缘。

茄科

龙葵

Solanum nigrum

又名苦葵。一年生草本。我国各地均有分布。茎直立，多分枝。叶互生，卵形。花期 6～9 月，短蝎尾状花序近伞形，腋外生。花冠白色，筒部隐于萼内，裂片卵圆形。果期 7～11 月，浆果球形，熟时黑色，种子多数，近卵形。植株含龙葵素，具有毒性，可入药。校园路旁、田野中常见。

碧冬茄

茄科

Petunia hybrida

俗称矮牵牛，是一个杂交种。一年生草本，世界各国花园中普遍栽培。全体生腺毛。叶有短柄或近无柄，卵形，顶端急尖，基部阔楔形或楔形，全缘。花期长达数月，花冠白色、红色或紫堇色，有各式条纹，漏斗状；单瓣，少重瓣。蒴果，种子极小。校园园林学院实验基地及校园盆景花坛中可见。

番茄

茄科

Lycopersicon esculentum

又名西红柿。一年生草本植物，原产于南美。高 1 ～ 2m，茎半蔓性或半直立，全体生粘质腺毛，有强烈气味，叶互生，不规则羽状复叶。总状花序或复总状花序；花大，黄色，辐状花冠；雄蕊靠合成圆锥状。果期 10 ～ 11 月，浆果扁球状或近球状，多汁液，橘黄色或红色，为盛夏的蔬菜和水果。校园的农田和试验田有种植。

茄

茄科

Solanum melongena

直立分枝草本至亚灌木，原产于亚洲。小枝、叶柄及花梗均被星状绒毛；小枝多为紫色。叶大，卵形至长圆状卵形，边缘浅波状或深波状圆裂。花萼有小皮刺，裂片披针形；花冠辐状，裂片三角形；雄蕊着生于花冠筒喉部。浆果长圆、圆形或圆柱状，紫色、绿色或白色，萼宿存。根可药用。校园菜地、蔬菜基地均有种植。

辣椒

茄科

Capsicum annuum

一年或多年生植物，原产于美洲。茎无毛或微生柔毛，分枝稍之字形折曲。单叶互生，常为卵状披针形。花果期 5 ～ 11 月。花单生于叶腋或枝腋；花梗俯垂；花冠辐状，白色。浆果俯垂，长指状，顶端尖而稍弯；未成熟时绿色，成熟后红色、橙色或紫红色，味辣。校园菜地有种植。

茄科

马铃薯

Solanum tuberosum

又名土豆、洋芋、山药蛋。草本，原产于热带美洲。地下块茎呈圆形、卵形、椭圆等形；有芽眼，外皮黄色、红色、白色或紫色。地上茎呈棱形，有毛。叶为奇数不相等的羽状复叶，小叶常大小相间。聚伞花序顶生，花白色、红色或紫色。浆果球形，绿色或紫褐色。多用块茎繁殖。食用、也可药用。在校园的教学和科研基地有栽培。我校谢丛华和柳俊教授领导的马铃薯研究团队，利用生物技术培育了许多抗病毒、高产、优质的土豆品种，造福农民。

马铃薯是埋在地下的宝藏。她出生在遥远的安第斯山，安家在地球上一百多个国度；她不卑不亢，丰年为百姓增收，灾年为人类解困。她总在最忙碌的季节休眠，最闲暇的季节入土，最舒适的季节收获。虽说她生长在美好的春夏，但几乎没有人去欣赏她那婀娜多姿的羽状复叶，也很少有人赞美她那缤纷多彩、淡雅清香的花，但她仍然潇潇洒洒，尽显叶的优雅，花的芬芳。她那在泥土中默默膨大的块茎，献给人们的是健康和财富。

（柳俊）

茄科 双色茉莉

Brunfelsia acuminata

常绿小灌木，原产于热带美洲。株高可达 1m。单叶，叶片椭圆形至卵状披针形，全缘。花单生或几朵密生，花冠高脚碟状，花被具 5 裂，好似 5 瓣梅花；花初开时呈淡紫色，逐渐变成青色，最后变成白色。浆果，花萼宿存。种子小而数量多。校内花卉基地有栽培。

○ 牵牛 旋花科

Pharbitis nil

又名喇叭花，我国除东北和西北的一些省外，大部分地区都有分布。一年生缠绕草本，茎上被有绒毛。叶宽卵形或近圆形，深或浅3裂，偶5裂。花腋生，单一或二朵着生于花序梗顶，花冠漏斗状似喇叭，蓝紫色或紫红色，花冠管色淡；雄蕊及花柱内藏。硕果近球形，种子卵状三棱形。校园农田边、荒地等处常见，家属区也有专门栽培供观赏。

除了有个有趣的名字，打碗花还和牵牛花犹如姊妹。虽然名气和个头都不如后者，但其花色素雅持久，叶茎纤弱，让人心生怜悯。它爬满绿篱，恣意绽放，盘铁丝而上，翠绿中点缀着点点粉红，百转千回的生长姿态丝毫也不逊色！

（曲良焕）

○ 打碗花 旋花科

Calystegia sepium

又名旋花或篱天剑。一年生缠绕草本，我国各地广泛分布。外形似“牵牛花”，但又有所不同。其茎细弱。叶互生，叶片近三角状戟形。花期5～9月，花单生叶腋，梗长，花冠漏斗形（喇叭状），粉红色或白色，内有5枚雄蕊和1枚雌蕊。果期8～10月，蒴果卵圆形，光滑。校内多杂生于绿篱及田间、荒野。

番薯

旋花科

Ipomoea batatas

又名红薯、甘薯、地瓜、红苕等。多年生草质藤本，光滑或稍被毛，有乳汁，块根白色、红色或黄色。茎粗壮，匍匐地面而生不定根。叶互生，宽卵形。花期 7～9 月，腋生聚伞花序，有时单生；花白色或淡紫色，花冠钟状漏斗形。果期 10～11 月，蒴果；种子卵圆形，无毛。藤和叶也可药用。校园菜地有种植。

番薯的野生种起源于美洲的热带地区，由印第安人人工种植成功，抗病虫害强，栽培容易。哥伦布初见西班牙女王时，曾将由新大陆带回的番薯献给女王，西班牙水手又将它传至菲律宾。万历二十一年（1593年）五月，福建长乐人陈振龙又从吕宋携带回中国，谓有“六益八利，功同五谷”，福建从此摆脱了粮荒。

（陈春丽）

斑种草 紫草科

Bothriospermum chinense

一年或二年生草本，主要分布于我国华北、西北地区。茎自基部分枝，斜升或近直立。叶片匙形或倒披针形，边缘呈皱波状，两面有短糙毛。花腋外生；花萼裂片狭披针形，有毛；花冠淡蓝色或白色，裂片圆形；花药卵圆形或长圆形，着生花冠筒基部。小坚果肾形。花果期 4 ～ 6 月。全草可入药。田间或草坪杂草。

附地菜 紫草科

Trigonotis peduncularis

一年生矮小草本。我国南北各省有分布。茎纤细，具平伏细毛。单叶互生，匙形，两面均具平伏粗毛；下部叶具短柄，上部叶无柄。花期 3 ～ 4 月，聚伞花序顶生；花小，通常生于花序的一侧，花萼 5 裂，花冠淡蓝色，5 裂，喉部具鳞片状附属物。果期 6 ～ 7 月，小坚果三角状四边形。为常见杂草，校园极多，路边绿篱下，草地上多见。

黄荆

马鞭草科

Vitex negundo

灌木或小乔木，主要产于长江以南各省。小枝四棱形，密生灰白色绒毛。掌状复叶，小叶片长圆状披针形至披针形，表面绿色，背面密生灰白色绒毛。聚伞花序排成圆锥花序式，顶生，花序梗密生灰白色绒毛；花萼钟状，顶端有5裂齿，外有灰白色绒毛；花冠淡紫色，顶端5裂，二唇形；雄蕊伸出花冠管外。核果近球形。花期4～6月，果期7～10月。生于校园的山坡路旁或灌木丛中。

○筋骨草 唇形科

Ajuga decumbens

又名金疮小草，多年生草本。分布于我国大部分地区。茎四棱形，密被灰白色绵毛状长柔毛。叶片纸质，对生，椭圆状长圆形或椭圆状卵圆形，下面疏被柔毛状糙伏毛。轮伞花序自茎中部向上渐靠近，至顶端呈一密集的穗状聚伞花序。苞叶大，密被长柔毛。花萼宽钟形，外面被绵毛状长柔毛；花冠白色或蓝色，唇形。小坚果倒卵状三棱形。花果期4～6月，可入药。校园的路边绿篱下，草地上多见。

唇形科 随意草

Physostegia virginiana

多年生宿根草本，具匍匐茎。茎四棱状。叶长椭圆至披针形，缘有锯齿。花期夏季，穗状花序聚成圆锥花序状；小花密集，若推向一边，不会复位，因而得名；小花玫瑰紫色，也有白、深桃红、玫红、雪青等色。小坚果。花卉基地有栽培。

唇形科 一串红

Salvia splendens

亚灌木状草本，原产于巴西，我国各地庭园中广泛栽培。茎钝四棱形。叶对生，卵圆形或三角状卵圆形。轮伞花序2～6朵花，组成顶生总状花序；花萼钟形，红色，二唇形。下唇比上唇短，3裂，中裂片半圆形，侧裂片长卵圆形，比中裂片长。花期3～10月。花有各种颜色，由大红至紫，甚至有白色的。校园花坛里常有栽培。

瘦风轮

唇形科

Clinopodium gracile

多年生草本，分布于我国中部和南部各地。茎基部匍匐生根。叶片卵圆形，对生。花期 6～8 月，轮伞花序多花密集，半球状；苞叶叶状，向上渐小至苞片状；花萼狭管状，常染成紫红色，外面主要沿脉上被疏柔毛及腺微柔毛；花冠紫红色，二唇形；上唇直伸，先端微缺，下唇 3 裂，中裂片稍大。果期 7～9 月，小坚果倒卵形。全株入药。常见于校园草丛、路边、灌丛、林下。

唇形科 活血丹

Glechoma longituba

多年生草本，全国各地均有分布。具匍匐茎，逐节生根；茎四棱，基部通常为淡紫红色。叶对生，叶柄较长，叶片心形或近肾形，边缘具圆齿。花冠唇形，蓝色或紫色，下唇具深色斑点；二强雄蕊。小坚果卵形。花期4～5月，果期5～6月。全草或茎叶入药。喜阴湿环境，校园的草丛、灌丛、林下常有分布。

夏枯草

唇形科

Prunella vulgaris

多年生草本，我国广布种。根茎匍匐；茎四棱，紫红色。茎叶卵状长圆形或披针形。轮伞花序密集成顶生穗状花序；每一轮伞花序下的苞片宽心形，沿脉上疏生刚毛；花冠紫、蓝紫或红紫色，唇形。小坚果黄褐色。花果期4～7月。全株入药。校园路边、草丛、林缘地常见。

彩叶草

唇形科

Coleus scutellarioides

又名五彩苏。一年生草本，原产于印度。茎通常紫色，四棱形，被微柔毛。叶卵圆形，边缘具圆齿状锯齿或圆齿，有黄、暗红、紫色及绿色，两面被微柔毛，下面常散布红褐色腺点。轮伞花序多花，花冠浅紫至紫或蓝色。小坚果宽卵圆形或圆形，褐色。花期7月。全国各地园圃普遍栽培，作观赏用。我校花卉基地有栽培，校园花坛内也常种植。

唇形科

韩信草

Scutellaria indica

多年生草本，我国南部多个省区有分布。全体被细软毛。茎细长，四棱形，有分枝。叶对生，有柄，心状卵圆形，边缘有钝锯齿。顶生总状花序，每层2花并列，偏向一侧。花冠蓝紫色，唇形。花盘肥厚，子房光滑，4裂。小坚果横生，圆形，熟时栗色。花果期2～6月。全草药用。分布于校园疏林下及路旁潮湿处。

唇形科

益母草

Leonurus artemisia

又名茺蔚、坤草。一年或二年生直立草本。我国大部分地区均有分布。茎方形。单叶对生，薄纸质，多羽裂。花期6～7月，轮伞花序腋生，苞片针刺状；唇形花冠淡红至淡紫红，上下唇几乎等长。果期8～10月，小坚果褐色，三棱形。其干燥地上部分为常用中药，生用或熬膏用。分布于校园荒地、田埂上。

长圆叶水苏

唇形科

Stachys oblongifolia

又名针筒菜。多年生草本，产于我国中部和南部省区。根状茎横走。茎直立，或基部多少匍匐，具四槽，节上有小刚毛。叶长圆状披针形，叶下面密被灰白色柔毛状绒毛。轮伞花序上部密集组成顶生穗状花序；花萼有柔毛；花冠粉红色或粉红紫色，外面疏被微柔毛。4个小坚果卵圆形，无毛。花期5～6月，果期6～7月。生于校园水沟边或河旁杂草地。

薄荷

唇形科

Mentha haplocalyx

多年生草本，我国南北各地均有分布。株高30～60cm，有伏生根茎。叶长圆状披针形或长圆形，长2～8cm，两面沿脉上密生微柔毛。轮伞花序腋生，被微柔毛；花小；花萼管状钟形；花冠淡红紫色，冠檐4裂，上裂片稍大；雄蕊4，伸出于花冠之外；花柱略超出雄蕊，先端近相等2浅裂，裂片钻形。小坚果卵形，黄褐色。花期7～9月，果期10月。常生于校园的潮湿地。植株具有清凉香气，幼嫩茎尖可作菜食，全草可入药。

车前科 大车前

Plantago major

一年或多年生草本。分布于欧亚大陆及寒温带。叶基生呈莲座状，草质或纸质，宽卵形，边缘波状；叶柄基部鞘状。花期6～8月，穗状花序，花序梗有纵条纹；花冠白色；花药初为淡紫色，稀白色，干后变淡褐色。果期7～9月，蒴果近球形，于中部或稍低处周裂。为常见杂草，广布校园。

车前科 北美毛车前

Plantago virginica

一年或两年生草本。原产于北美，现广布世界温暖地区。全株被白色柔毛。叶基生呈莲座状，叶片倒披针形至倒卵状披针形，叶柄基部鞘状。花期4～5月，穗状花序，花序梗中空，苞片披针形或窄椭圆形，中脉有宽而厚的龙骨状突起。花冠4裂，白色至淡黄色。果期5～6月，蒴果卵球形，于基部上方周裂。为外来常见杂草，校园极多，人文楼东侧以及二十四节气柱西边等地常形成大群落。

黄素馨

木犀科

Jasminum mesnyi

又名野迎春、云南素馨，分布于我国南方省区。常绿直立亚灌木，枝条下垂。小枝四棱形，具沟。叶对生，三出复叶或小枝基部具单叶；叶片近革质。花常单生于叶腋，稀双生或单生于小枝顶端；花萼钟状，花冠裂片 6 ~ 8 枚，黄色，栽培时出现重瓣。果椭圆形。花期 11 月至翌年 8 月，果期 3 ~ 5 月。花大美丽。学校主楼西侧台阶及博园宿舍前的墙面等多处有栽培。

木犀科

桂花

Osmanthus fragrans

又称木犀。常绿乔木或灌木，产于我国西南部。树皮粗糙，小枝光滑，芽叠生在叶腋；叶对生，革质，先端渐尖，有锯齿；花期 9～10 月，花簇生于叶腋，花小，芳香，有黄色、红色或白色等颜色。果期 4 月，紫黑色核果，俗称桂子。除观赏外，花可提取芳香物质，食用或药用。校园广泛栽培，丹桂路、翠竹路、小七栋等地有集中种植。

在几乎每个学子的成长经历中，校园象牙塔编织了无数青春梦想，而梦的起点，就是初入校园时对校园环境的感受。初到华农，恐怕除了感慨校园之大，第一感觉就要算那一路嗅到的桂花的香气了。年复一年，金桂飘香的日子里，盛开的桂花以它的袭人之香欢迎着来自五湖四海的学子。花香校园，秋有桂，月如华。

（龙鸿）

金钟花 ○

木犀科

Forsythia viridissima

又名黄金条，迎春条、细叶连翘。我国中部和南部省区有分布。落叶灌木，株高可达3m。茎丛生，枝直立，拱形下垂，小枝黄绿色，微有四棱状，髓心薄片状。单叶对生，椭圆形至披针形，中脉及支脉在叶面上凹入，在叶背隆起。花期3～4月，先叶开放，1～3朵腋生；花冠深黄色，裂片狭长圆形至长圆形。蒴果卵形或宽卵形。丛植于校园的草坪、院内、庭前等处。

○ 小蜡 木犀科

Ligustrum sinense

落叶灌木或小乔木。分布于我国中部和南部各省。幼枝被黄色柔毛，老时近无毛。叶对生，纸质或薄革质，常沿中脉被柔毛。花序塔形，基部有叶。花冠裂片 4 枚，长于花冠筒，白色；雄蕊 2 枚，花药长圆形。果近球形。花期 5 ~ 6 月，果期 9 ~ 12 月。校园多处栽培作绿篱，第一综合楼 B 座门前有一株较大的成年树。

木犀科

女贞

Ligustrum lucidum

常绿小乔木或大灌木，产于长江以南至华南、西南各省区。高可达 10m。叶对生，革质，卵形或卵状披针形，上面深绿色，有光泽。圆锥花序顶生；花小，芳香。核果肾形或近肾形，深蓝黑色，成熟时呈红黑色，被白粉。果实晒干为中药女贞子。花期 5～7 月，果期 7 月至翌年 5 月。校园广为栽培，教学区、生活区，各处可见。

校园中还种植有小叶女贞（*L. quihoui*），产于我国。与女贞的主要区别：落叶灌木；小枝有细毛；叶片薄革质，较小，大约是女贞叶片的一半，长4cm左右。

阿拉伯婆婆纳

玄参科

Veronica persica

一年生草本。我国各地广泛分布。茎自基部分枝，铺散状。下部叶对生，上部叶互生，叶片心形至卵形，具钝齿。花果期 3 ～ 10 月，花冠蓝色或蓝紫色，4 裂。蒴果近肾形，稍扁，凹口成直角。春季采全草可作猪饲料。是校园中常见的早春开花植物，广布于校园各处草坪及路边。

玄参科

白花泡桐

Paulownia fortunei

落叶乔木，主要分布于我国中部和南部省区。高可达 25m，主干直；树皮灰褐色；幼枝、叶、花序各部和幼果均被黄褐色星状绒毛，但叶柄、叶片上面和花梗渐变无毛。叶大型，长卵状心脏形。聚伞花序，萼倒圆锥形，萼齿卵圆形至三角状卵圆形，至果期变为狭三角形；花冠管状漏斗形，白色但背面带紫色或浅紫色，外面有星状毛，内部密布紫色细斑块。蒴果长圆形或长圆状椭圆形；顶端具喙，宿萼开展或漏斗状，果皮木质。花期 3～4 月，果期 7～8 月。学校茶园内间有数株大树，校园其他地方也有种植。

玄参科 通泉草

Mazus japonicus

一年生草本植物，遍布全国。高3～30cm，无毛或疏生短柔毛。总状花序生于茎、枝顶端，常在近基部即生花，伸长或上部呈束状，通常3～20朵，花疏稀；花萼钟状；花冠白色、紫色或蓝色。蒴果球形；种子小而多数。花果期4～10月。全草可入药。多见于校园的草丛中，农田的路旁等。

玄参科 弹刀子草

Mazus stachydifolius

多年生草本，我国广布种。全株被白色长柔毛。根状茎短；茎直立。基生叶匙形，有短柄，常早枯；茎生叶对生，上部的常互生，无柄；叶片长椭圆形至倒卵状披针形；总状花序顶生，花萼漏斗状，比花梗长；花冠紫色，唇形花冠，上唇2裂，下唇3裂，中裂片较侧裂片小。蒴果扁卵球形。花期4～6月，果期7～9月。常生于校园内较湿润的路旁、草坡及林缘。

○ 芝麻 胡麻科

Sesamum indicum

又名胡麻。一年生草本，原产于印度，汉时引入。茎直立，四棱形，中空或具白色髓，有短柔毛。叶对生，长圆形。花期夏末秋初，花生于叶腋；花萼稍合生，裂片披针形，被柔毛。花冠筒状，白色而常有紫红色或黄色的彩晕。蒴果椭圆形，多4棱，纵裂，有短柔毛;种子多数，榨油供食用或工业用。校园实验田有种植。

紫葳科 美国凌霄

Campsis radicans

落叶藤木，产于我国长江流域各省。茎木质，表皮脱落，枯褐色，以气生根攀附于它物之上。叶对生，为奇数羽状复叶；小叶 7 ～ 9 枚，卵形至卵状披针形，顶端尾状渐尖，基部阔楔形，边缘有粗齿。花期 5 ～ 8 月，顶生聚伞花序或圆锥花序；花萼钟状，分裂至中部，裂片披针形；花冠唇状喇叭形，花冠内面鲜红色，外面橙黄色，裂片半圆形。蒴果细长，先端钝。花期甚长，用以攀援墙垣、山石、枯树、棚架或花廊，均极优美。狮子山广场棚架上种植有凌霄，校园其他地方也有栽培。

在武汉闷热的夏季，凌霄花执著地灿烂着她的辉煌，守望着因暑期放假、学子离校而略显空旷的狮子山广场。她恣意地绽放橘红色的小喇叭，将一份浓情结成架下的浓荫，痴痴地等待着学子的归来，直到秋凉再现，晨读声再次呢喃整个广场。

凌霄花一如慈母，如果累了，会把你拥入臂弯。凌霄花语：慈母之爱。

（龙鸿）

桔梗科 半边莲

Lobelia chinensis

多年生草本植物，产于长江中、下游及以南各省区。茎圆形，全株光滑无毛，呈平卧。叶互生，披针形或条长形，全缘或有疏齿。花瓣 5 片，似莲花瓣，均偏向一侧。果实倒锥状。花期 5～8 月、果期 8～10 月。全草入药。花卉基地有栽培。

茜草科 猪殃殃

Galium aparine var. *tenerum*

蔓生或攀缘状草本，遍布全国。植株矮小，柔弱；茎呈四棱柱形，多分枝，棱上有侧生刺毛。叶 6～8 片轮生，无柄。聚伞花序腋生或顶生，花序常单花，花小，易脱落。果小，由 2 个球形分果片组成，绿褐色，密生白色钩毛。全草可作牛、马的饲料，但猪食之则病，故名“猪殃殃”。花期 3～7 月，果期 4～9 月。常见的校园杂草。

这种极纤弱的小草，茎杆长满钩刺，叶片淡绿具齿，果实晶莹剔透。看到它，就会想起那首著名的小草歌，不知它会不会“遍及天涯海角”，反正在华农校园蛮多，是地道的小草明星。

在华农，不认识猪殃殃，那才叫掉的大呢！

你说你早就认识，信了你的邪！

（龙鸿）

○ 栀子 茜草科

Gardenia jasminoides

常绿灌木，产于我国大部分省区。叶对生，少为3枚轮生，叶形多样，通常为长圆状披针形、倒卵形或椭圆形；两面常无毛，上面亮绿色。花期5～7月，通常单朵生于枝顶；花萼绿色，萼管倒锥形，有棱，裂片线形；花瓣蕾时成旋转卷形排列，开时呈高脚杯状，初为白色，后变为乳黄色。果期8～11月，卵圆形，黄色肉质，有翅状纵棱5～8条。花大而美丽，芳香四溢，广植于校园内。

栀子花是校园中散着淡淡幽香的花，留给人的也是淡淡的忧伤，因为每年栀子花开的季节就是毕业生离校的时候，一如那首校园民谣所唱：“栀子花开，如此可爱，挥挥手告别，欢乐和无奈”。母校之于学子，是那个自己可以一天骂一百遍而不许外人批评一遍的地方。虽是短暂停留，不能永远相守，校园生活却终生难忘。

带着对栀子花香的眷恋，去远方，放飞心中的梦想。

（龙鸿）

忍冬科 金银花

Lonicera japonica

又名忍冬。半常绿藤本，全国大部分省区有分布。小枝中空，有柔毛。叶对生，卵形或椭圆形，两面具柔毛。花期 5 ～ 7 月，花成对腋生，有总梗，苞片叶状；花冠二唇形，上唇具 4 裂片，下唇狭长而反卷，约等于花冠筒长，花由白色变为黄色，芳香；雄蕊和花柱稍超过花冠。果熟期 10 ～ 11 月，浆果黑色，球形。花为中药材。狮子山上有自然分布，花卉基地大棚内有人工栽培。

金银木 忍冬科

Lonicera maackii

又名金银忍冬。落叶灌木，广布于我国大部分地区。凡幼枝、叶两面脉上、叶柄、苞片、小苞片及萼檐外面都被短柔毛和微腺毛。叶纸质，对生，卵状椭圆形至卵状披针形等。花期5～6月，花芳香，2朵并生于幼枝叶腋，苞片条形。花冠先白色后变黄色，唇形。果熟期8～10月，果实暗红色，种子具蜂窝状微小浅凹点。可作观赏植物。狮子山上、校园第一运动场路旁有栽培。

忍冬科

锦带花

Weigela florida

灌木，主要分布于我国北方地区。幼枝稍四方形。叶对生，矩圆形、椭圆形至倒卵状椭圆形；边缘有锯齿，上面疏生短柔毛。花单生或呈聚伞花序生于侧生短枝的叶腋或枝顶；花冠紫红色或玫瑰红色；花冠漏斗状钟形，外面疏生短柔毛。蒴果，顶有短柄状喙，疏生柔毛。狮子山广场有栽培。

忍冬科

珊瑚树

Viburnum odoratissimum

又名法国冬青。常绿灌木或小乔木。叶革质，对生。圆锥花序顶生，花芳香，萼筒筒状钟形，花冠白色，后变黄白色，雄蕊略超出花冠裂片。果实先红色后变黑色，有1条深腹沟。花期4～5月，果熟期7～9月。栽培观赏，根和叶入药。校园广泛种植，是主要的绿篱植物，在成教学院楼前有一排高大的植物。

接骨草 忍冬科

Sambucus chinensis

又名陆英。高大草本或半灌木；主产于中国，日本也有分布。茎有棱，髓部白色。奇数羽状复叶，托叶叶状或有时退化成蓝色的腺体；小叶 2 ～ 3 对，狭卵形。花期 4 ～ 5 月，复伞形花序顶生，有叶状总苞片；花冠白色。果期 8 ～ 9 月，果实红色，表面有小疣状突起。校园内主要野生于科研试验田埂上和水沟边。

向日葵 菊科

Helianthus annuus

一年生高大草本，原产于北美。茎直立，粗壮，被粗硬刚毛。叶互生，宽卵形，边缘具粗锯齿，两面被糙毛，有长叶柄。花期 7 ～ 9 月，头状花序单生于茎端；雌花舌状，金黄色，不结实；两性花筒状，花冠棕色或紫色，结实。果期 8 ～ 9 月，瘦果卵形，稍扁，上端有 2 个膜片状早落的冠毛。瘦果（葵花籽）可炒食、榨油，为重要油料作物。校园花卉基地有栽培。

菊科 大金鸡菊

Coreopsis lanceolata

又名剑叶金鸡菊。多年生宿根草本，原产于美国南部。茎直立，下部常有稀疏的糙毛，上部有分枝。叶多簇生于基部，匙形或披针形，全缘或3深裂。头状花序单生于枝端，具长花序梗；总苞片外层较短，披针形，内层卵形或卵状披针形；托片线状钻形。舌状花黄色，舌片宽大，有单瓣和重瓣，花期7～10月。校园各处多有栽培，每年的春夏时节，在大学生活动中心、南湖边和24节气柱等地，常见大片的金鸡菊。

万寿菊

菊科

Tagetes erecta

一年生草本，原产于墨西哥，我国各地庭园常有栽培。茎直立，粗壮，具纵细条棱。叶羽状分裂，上部叶裂片的齿端有长细芒；沿叶缘有少数腺体。头状花序单生，花序直径比孔雀草大一倍以上，小花数量比孔雀草多两倍以上且紧凑；舌状花黄色或暗橙色；管状花花冠黄色。瘦果线形，黑色或褐色。花期7～9月。可药用。校园花坛和花卉基地有大量盆栽。

孔雀草

菊科

Tagetes patula

一年生草本，原产于墨西哥。我国各地常有栽培。茎直立，通常近基部斜开展分枝。叶羽状分裂，边缘有锯齿，齿的基部通常有1个腺体。头状花序单生，花序梗顶端稍增粗；舌状花金黄色或橙色，带有红色斑；管状花黄色，与冠毛等长。瘦果线形，冠毛鳞片状。花期7～9月。具有防虫防蚊之功效。校园花卉基地和花坛中栽培。

菊科 波斯菊

Cosmos bipinnata

又名秋英。一年或多年生草本，原产于墨西哥，在我国栽培甚广。茎直立，叶对生，二次羽状深裂，裂片线形或丝状线形。头状花序单生；舌状花舌片大，椭圆状倒卵形，紫红色、粉红色或白色；管状花黄色。瘦果黑紫色，上端具长喙。花期 6～8 月，果期 9～10 月。花序大、植株纤细，极具观赏价值。校园花卉基地有栽培。

菊科 百日草

Zinnia elegans

又名百日菊。一年生草本，原产于墨西哥。茎直立粗壮，被糙毛或长硬毛。叶对生，全缘，无柄，基出三脉。头状花序单生枝端，梗甚长；花径大；舌状花有白、绿、黄、粉、红、橙等色，管状花集中在花盘中央黄橙色。舌花瘦果倒卵圆形，筒状花瘦果倒卵状楔形。花期 6～9 月，果期 7～10 月。校园花坛和花卉基地有栽培。

百日菊花大色艳，开花早，花期长，株型美观，是常见的花坛、花境材料。高杆品种适合做切花生产。由于舌状花层层叠压伸展，预示着步步登高，生活越来越美好。

一年蓬 菊科

Erigeron annuus

又名千层塔。一年或二年生草本，原产于北美洲，在我国已驯化。茎粗壮，上部有分支，全株被上曲的短硬毛。基生叶矩圆形或宽卵形；中部叶具短柄或无柄；上部叶通常条形。花期6～9月，头状花序排列成伞房状或圆锥状；总苞片3层，密被长的直节毛，舌状花2层，白色或淡蓝色，舌状条形；两性花筒状，黄色。全草入药。广布校园路边田野，装点春夏的校园。

蓍草 菊科

Achillea wilsoniana

又名云南蓍。多年生草本，原产于云贵等地。茎呈圆柱形，上部有分枝。叶互生，无柄；叶片多破碎，完整者展平后呈条状披针形，羽状深裂。头状花序密集成复伞房花序；边花6～8（16）朵；舌片白色，偶有淡粉红色边缘；管状花淡黄色或白色，管部压扁具腺点。瘦果矩圆状楔形，具翅。花果期7～9月。校园花卉基地有栽培。

菊科 大丽菊

Dahlia pinnata

又名大丽花。原产于墨西哥，是全世界栽培最广的观赏植物。多年生草本，有巨大棒状块根。茎直立，多分枝。叶 1 ～ 3 回羽状全裂。头状花序大，有长花序梗，常下垂。舌状花 1 层或多层，红色、紫色或白色，常卵形，顶端有不明显的 3 齿，或全缘；管状花黄色，有时在栽培种中全部为舌状花。瘦果长圆形，黑色，扁平，有 2 个不明显的齿。花期 6 ～ 12 月，果期 9 ～ 10 月。校园多处庭院有栽培。

菊科 非洲菊

Gerbera jamesonii

又名扶郎花，原产于非洲，我国各地公园常有栽培。多年生草本，全株具细毛。基生叶多数，莲座状，羽状浅裂或深裂。花葶单生，或稀有数个丛生；头状花序单生于花葶之顶；舌状花可育；外围雌花 2 层，为淡红色至紫红色，或白色及黄色，内层雌花比两性花纤细，中央两性花为管状花，多数。瘦果圆柱形，花期 11 月至翌年 4 月。由于花葶长微弯，花朵倾垂，似喝醉的新郎需要扶持，因此得名扶郎花。校园花卉基地有栽培。

泥胡菜 菊科

Hemistepta lyrata

一年生草本，我国南北各省有分布。茎单生，通常纤细，上部分枝。基生叶长椭圆形或倒披针形，叶片多为大头羽裂。头状花序在茎枝顶端排成疏松伞房花序；总苞宽钟状或半球形，总苞片多层，质地薄，覆瓦状排列；近顶端有直立的鸡冠状突起的紫红色附片。小花紫色或红色。瘦果圆柱形。花果期5～8月。全草入药。多见于校园路旁、荒地。

蓝目菊 菊科

Osteospermum ecklonis

一年生草本，原产于墨西哥。我国各地庭园常有栽培。茎直立，粗壮，具纵细条棱。叶羽状分裂，边缘具锐锯齿；沿叶缘有少数腺体。头状花序单生，花序梗顶端棍棒状膨大；舌状花白色或暗橙色；管状花花冠蓝色。瘦果线形，基部缩小，黑色或褐色。花期7～9月。校内花卉基地有栽培。

菊科 刺儿菜

Cirsium setosum

又名小蓟，我国各省均有分布。多年生草本，茎上部有分枝。叶片椭圆形或披针形或线状披针形，全部茎叶不分裂，叶缘有细密的针刺，针刺紧贴叶缘。头状花序单生于茎端或排成伞房花序；总苞片约6层，覆瓦状排列，具短针刺；小花紫红色或白色。瘦果淡黄色，冠毛污白色，通常长于花冠整体脱落。花果期4～7月。校园路边荒地常见。

鼠麴草 菊科

Gnaphalium affine

一年生矮小草本。我国南北各省有分布。茎直立或斜生、簇生，全株密被白色绵毛。叶互生，倒针形或匙形。头状花序多数，通常在顶端密集成伞房状，总苞片及花金黄色。瘦果矩圆形，冠毛黄白色。花果期 4 ～ 5 月。嫩茎叶可作蔬菜、饲料，是江浙一带清明节所食用“青团”的野菜种之一，又名“清明菜”。为广布杂草，生于校园田埂、荒地及草坪。

苦苣菜 菊科

Sonchus oleraceus

一年生草本或二年生草本。广布全国。根纺锤状。茎直立，不分枝或上部分枝，无毛或上部有腺毛。叶柔软无毛，羽状深裂，边缘有刺状尖齿。花果期 5 ～ 12 月。头状花序在茎端排成伞房状；梗或总苞下有毛；总苞钟状，暗绿色；舌状花黄色，两性，结实。瘦果长倒卵形，边缘有微齿；冠毛毛状，白色。校园草坪、田野荒地常见野草。上多见。

菊科 黄鹌菜

Youngia japonica

一年生草本，除东北、西北外广布全国。全株具乳汁。茎直立，单生或少数簇生。基生叶全形倒披针形、长椭圆形或宽线形，大头羽状深裂或全裂；无茎生叶或只有 1 ～ 2 枚；全部叶及叶柄被皱波状长或短柔毛。头状花序有 10 ～ 20 朵小花，排成聚伞状圆锥花序；舌状花黄色。瘦果棕红色，纺锤形。常见于校园路边荒地。

蒲公英是儿时的寄托，
妈妈说，
长有白色绒毛的种子，吹弹可破，
组成一把把小伞，
是为了更远地飘落。
蒲公英是青春的自我，
学子说，
漫漫人生，我们不想只来过，
飘得更远，是为了结出更多的硕果。
（龙鸿）

蒲公英 菊科

Taraxacum mongolicum

多年生草本，分布于全国各地。植株含白色乳汁。根圆柱状，黑褐色，粗壮。叶多根出，排成莲座状，倒披针形或长圆状披针形，大头羽状深裂。花葶 1 至数个，与叶等长或稍长，上部紫红色，密被蛛丝状白色长柔毛；头状花序，总苞片 2 ～ 3 层，钟状；花全为舌状，鲜黄色。瘦果冠毛刚毛状，白色，随风飘散。嫩时可食用，也是著名清热解毒中药。生长于校园的路边、田野、草地。

泽泻科 大慈姑

Sagittaria montevidensis

又称茨菰。多年生直立水生草本，我国长江以南各省区广泛栽培。有纤匐枝，末端膨大成球茎。叶子形态变化极大，通常为戟形。花葶为总状花序；花单性，下部为雌花，具短梗，上部为雄花，具细长花梗；外轮花被片，片状；内轮花被片，花瓣状，白色；雄蕊多枚；心皮多数，密集成球形。球茎供食用。校园水稻田或池塘边常见。

棕榈

棕榈科

Trachycarpus fortunei

乔木，分布于长江以南各省区。树干圆柱形，具有不易脱落的老叶柄基部和密集的网状纤维。叶片近圆形，深裂成 30 ～ 50 片具皱褶的线状剑形，裂片硬挺甚至顶端下垂；叶柄两侧具细圆齿，顶端有明显的戟突。花期 4 月，花序粗壮，多次分枝，从叶腋抽出；常雌雄异株；雄花无梗，黄绿色；雌花序有 3 个佛焰苞，花淡绿色，果期 12 月，核果球形或近肾形，成熟时由黄色变为淡蓝色。棕榈树形优美，是庭园绿化的优良树种。校园种植较多，如学院路西段两旁就有栽培。

马蹄莲

天南星科

Zantedeschia aethiopica

具根状茎草本，原产于非洲东北部及南部。具有块茎。叶基生，叶柄长，下部具鞘。叶片较厚，心状箭形或箭形。总花梗与叶等长；佛焰苞白色或乳白色，大而长，下部成短筒状，上部宽张，顶端具略反转的骤尖；肉穗花序短于佛焰苞，下部为雌花，上部着生雄花。浆果短卵圆形，淡黄色。常作花束用花。学校花卉基地温室大棚有栽培。

紫鸭跖草

Setcreasea purpurea

又名紫叶草等。原产于墨西哥等地。多年生披散草本。茎多分枝，带肉质，紫红色，下部匍匐状，节上常生须根，上部近于直立。叶互生，披针形，基部抱茎而成鞘，鞘口有白色长睫毛。花密生在二叉状的花序柄上；萼片绿色，宿存；花瓣蓝紫色。蒴果椭圆形，有3条隆起棱线。种子呈三棱状半圆形。校园疏林下、沟边等处可见。

鸭跖草

Commelina communis

别名兰花草、竹叶草。主要分布在云南以北、甘肃以东各省区。一年生草本，喜欢在潮湿的草地生长，茎圆柱形，肉质，下部茎匍匐状，节常生根，节间较长，表面呈绿色或暗紫色。叶互生，带肉质。总状花序，花3～4朵，花瓣上面两瓣为蓝色，下面一瓣为白色，花苞呈佛焰苞状，绿色。蒴果，种子暗褐色。花期夏季。生于校园山坡、房后、草地及林下。

禾本科

水稻

Oryza sativa

一年生草本。原产于亚洲热带，在中国广为栽种后，逐渐传播到世界各地。杆丛生、直立。叶片披针形。圆锥花序疏松，分枝多，成熟期向下弯垂；小穗含 1 朵成熟花；外稃舟形，有芒；雄蕊 6 枚。颖果稍扁、长圆状。收获的稻粒即稻谷，去壳后称大米。校园科研基地大田栽培有水稻科研材料。

水稻是一年生禾本科植物，根系发达，圆锥花序，自花授粉，喜高温、多湿、短日照；原产于中国，栽培历史已有一万多年，是老祖宗留给我们的巨大财富。别看它基因组小，本事却不小，能养活世界一半人口，是世界主要粮食作物之一，也是植物遗传研究的模式材料。张启发院士领导的水稻团队的目标是要研制出“少施化肥，不打农药，节水抗旱”的绿色超级稻。

（余四斌）

赞水稻：
难以想象
　　这么多人爱水稻
爱到誉它为华农“六个一”
爱到张院士也常常专题提起
难以想象
　　水稻是爱的宣告
装载江山社稷、天下黎民
养成三月桃花、净是芳华
难以想象
　　水稻有人性的自豪
充满着力量、谦虚地弯腰
忍受着水侵、倔强地生长
真的难以想象
　　有种植物，叫做水稻，
将心浸在这清澈或浑浊间
将穗朝向那谦逊的土壤上
（王迪）

禾本科 玉米

Zea mays

亦称玉蜀黍、包谷。原产于中美洲，16 世纪时传入中国，目前我国主产区位于世界第三大玉米带——中国松辽平原玉米带。玉米为一年生高大草本。秆直立，通常不分枝。叶阔长，条状披针形。花单性、雌雄同株。雄花序为圆锥花序顶生，雌花序为肉穗花序着生叶腋间，外面有叶状总苞片包裹。雌花序成熟后成谷穗，果期秋季。玉米是全世界总产量最高的粮食作物，也是重要的饲料来源，还是制作工业酒精和烧酒的主要原料。见于校园南部试验田。

玉米是一种神奇而又重要的植物，雌雄同株异位异花、花粉飘逸花丝喷挂、叶片秀丽植株挺拔、籽粒晶莹果穗硕大；它的学术意义更在于，起源于中、南美洲的玉米，历经了万千年的转座子爆发、基因组扩增，凭借着高频率的异交重组、基因突变，承受着不同生态的自然选择、不同目标的人工驯化，进化成遗传变异最为丰富，对遗传学理论贡献最大的植物之一，发展成杂种优势利用最为有效、在中国种植面积最大、总产量最高的作物之一。

（郑用琏）

禾本科 小麦

Triticum aestivum

一年或二年生草本。起源于中东地区，是世界广为栽培的粮食作物。秆丛生、直立。叶片长披针形。复穗状花序直立；小穗单生，含 3 ～ 9 朵小花，上部小花常不结实；外稃顶端通常具芒；雄蕊 3 枚。颖果顶端有毛，腹面具深纵沟。颖果磨成面粉后可食用。见于校园南部试验田。

小麦是中国人民的主要粮食之一。目前已经成为世界上分布最广、面积最大、总产量第二、贸易额最多、营养价值最高的粮食作物之一。

○ 白茅 禾本科

Imperata cylindrica

多年生草本，主要分布于我国北方地区。具粗壮的长根状茎，稍肉质，有甜味。秆丛生，具1～3节，节无毛。叶鞘无毛，聚集于秆基；叶舌膜质；秆生叶质硬，被有白粉。圆锥花序紧缩呈穗状；基盘及小穗柄均具细长的丝状柔毛，因此得名。花果期5～9月。可作牧草，根状茎、花序可入药；也是世界性农田最难除的杂草之一。狮子山阳坡、荒地等校园向阳之地常有成片生长。

○ 大麦 禾本科

Hordeum vulgare

一年生草本，原产于欧洲，我国西北和西南地区常有栽培。秆光滑。叶鞘两侧有叶耳；穗状花序直立，每节生3枚结实小穗，小穗稠密，无柄；颖线形，无脉，有芒；外稃无毛，先端延伸成芒，芒粗糙；内稃与外稃几等长。颖果成熟后与稃体粘着不易脱粒，顶端具毛。校园的教学试验基地和科研实验田有种植。

禾本科 野燕麦

Avena fatua

一年生草本。原产于南欧地中海地区，现广布于世界各地。秆直立，丛生。叶鞘光滑或基部有毛。花果期4～9月，圆锥花序开展，金字塔形；小穗弯曲下垂；芒自外稃中部稍下处伸出。颖果被淡棕色柔毛，腹面具纵沟。麦田中常见杂草，秆叶可作饲料或用于造纸。常见于校园的荒地、田边和地头。

禾本科 雀麦

Bromus japonicus

一年生草本，分布于我国长江、黄河流域。秆直立，丛生。叶鞘闭合，被柔毛；叶舌透明膜质，叶片生柔毛。花期5～7月，圆锥花序开展下垂；小穗含7～14朵小花；颖较宽，第一颖具3～5脉；第二颖具7～9脉，外稃具7～9脉；子房上端具毛，花柱自其前下方伸出。果期7～8月，颖果较扁。生于山坡、荒野、道旁。为校园常见杂草。

狗尾草虽然其貌不扬，却有个家喻户晓的名字。每次到野外，三岁幼子总忘不了摘一束来，一直紧握手心，在狗尾草的海洋里欢呼雀跃。就连我，也惊异于它怎么会有那么大的家庭，密密麻麻，无尽无休。尤其是那毛茸茸的尾巴一起随风摇曳，仿佛整个世界都在飘舞……

（曲良焕）

狗尾草 禾本科

Setaria viridis

一年生草本。因该植物的穗形像狗尾巴而得名。我国各地均有分布，为常见杂草，发生极为普遍。秆疏丛生，直立或基部膝曲。叶片条状披针形。圆锥花序紧密呈柱状或基部稍疏离，直立或稍弯垂，主轴被较长柔毛。颖果灰白色。花、果期 5 ～ 10 月。广布于校园荒地及路边，或为田间杂草，荟园宿舍东侧荒地有较多分布。

禾本科 鹅观草

Roegneria kamoji

多年生草本。除青海、西藏外，分布遍及中国。多年生草本。须根系，秆直立或基部倾斜，疏丛生，高30～100cm。叶鞘外侧边缘常被纤毛；叶片扁平，光滑或稍粗糙。小穗绿色或呈紫色；颖片卵状披针形，外稃披针形，有粗糙的芒。春季返青早，叶柔软鲜绿，复穗状花序弯曲下垂，姿态潇洒别致，具有一定的观赏价值，可作园林绿地上的观赏禾草。花期4～7月，常生于校园湿润的山坡、草地及路旁。

禾本科 纤毛鹅观草

Roegneria ciliaris

形态特征和分布与鹅观草相似。但叶鞘无毛，叶舌干膜质；复穗状花序直立或稍下垂，穗轴节间延长，但不逐节断落；颖椭圆状披针形，具明显而强壮的5～7脉，边缘具纤毛。主要分布在校园荒草地和农田旁。

毛竹 禾本科

Phyllostachys edulis

多年生木本，分布自秦岭、汉水流域至长江流域以南和台湾省。茎直立，称竹竿，有明显的节；竿高可达20余米，粗者可达20余厘米；幼竿（竹笋）密被细柔毛及厚白粉，箨环有毛，老竿无毛，并由绿色渐变为绿黄色。基部节间甚短而向上则逐节变长。幼竿上箨片（叶片）较短，绿色，初时直立，以后外翻。老竿的末级小枝具2～4叶；叶片较小较薄，披针形，有短柄。竹子一生只开花一次，花枝穗状。竹笋可食用，竹竿作为竹材用于建房和作家具，还可栽培观赏。校园竹苑食堂旁栽培有大片毛竹林，甚是壮观。

华农的竹林，位于北苑的狮子山阳坡。由于远离学生区，学子们可能不是很熟悉，但在不少武汉市民的眼中，华农的竹林颇负盛名。众多即将步入新婚殿堂的新人们选此作为婚纱照的外景地。每到春季，新笋生发，校方对此围栏保护。由竹林衍生出竹苑路，竹苑餐厅，细想想竟占得衣食住行之半数呢！

武汉以北是孝感，东汉时期，病重中的孟宗之母欲在冬季食鲜笋，孟宗寻笋不得，对竹大哭，终如愿得笋，始有孝感。竹生笋，哭出来的孝道，新人、年轻人，应常习之。

（龙鸿）

禾本科

菵草

Beckmannia syzigachne

一年生草本，分布于全国各地。茎疏丛型，秆直立，基部节微膝曲，光滑无毛。叶鞘较节间为长，叶舌透明膜质；叶片扁平，两面粗糙；穗状花序，有短柄。小穗通常单生，压扁，近圆形；内外颖半圆形，泡状膨大，背面弯曲；内外稃等长，膜质；全株疏被微毛，具芒尖;花果期6～9月。田间杂草，校园的农田及路边都有分布。

禾本科

稗

Echinochloa crusgalli

一年生草本，我国广布种。秆光滑无毛，基部倾斜或膝曲。叶片扁平线形，叶舌缺。圆锥花序直立，近尖塔形;小穗卵形，密集在穗轴的一侧；第一颖长为小穗的1/3～1/2；第二颖与小穗等长。第一小花通常中性，其外稃草质，顶端延伸成一粗壮的芒。花果期夏秋季。全世界温暖地区均有分布，为世界性农田最难除的杂草之一。校园沟边、草地及水稻田均可见。

看麦娘 禾本科

Alopecurus aequalis

又名山高粱。一年生草本，我国多个省区有分布。秆少数丛生、细弱光滑。叶鞘疏松抱茎，叶片扁平。花果期4～8月，圆锥花序狭圆柱形，灰绿色；小穗椭圆形或卵状长圆形；花药橙黄色。颖果小。适生于潮湿土壤，为牲畜喜食饲料，也是大田常见杂草。为长江流域、西南及华南等地区稻茬麦、油菜田危害最为严重的杂草。校园各处草坪、路边及田埂极为常见。

禾本科

黑麦草

Lolium perenne

多年生草本，广泛分布于欧洲和亚洲暖温带。具细弱根状茎，秆丛生，基部节上生根。叶舌长，叶片线形，柔软，具微毛。穗状花序直立或稍弯；小穗轴节间长，平滑无毛；颖披针形，为其小穗长的 1/3，边缘狭膜质；外稃长圆形，草质，平滑，基盘明显，顶端无芒，或上部小穗具短芒；内稃与外稃等长，两脊生短纤毛。颖果长约为宽的 3 倍。花果期 5 ～ 7 月。我国各地普遍引种栽培作优良牧草。校园冬季绿色的草坪多为种植的黑麦草。

○ 香附子 莎草科

Cyperus rotundus

多年生草本，广布于世界各地。匍匐根状茎长，具椭圆形块茎。秆稍细弱，锐三棱形，平滑。叶较多，短于秆，平张；鞘棕色，常裂成纤维状。叶状苞片常长于花序；长侧枝聚伞花序简单或复出，具 3 ～ 10 个辐射枝；小穗斜展开，线形；小穗轴具较宽的、白色透明的翅；鳞片稍密地复瓦状排列，膜质，中间绿色，两侧紫红色或红棕色；花极小，无花被。小坚果长圆状倒卵形。花果期 5 ～ 11 月。其块茎名为香附子，可供药用。校园随处可见的野生杂草。

香蒲科

水烛

Typha angustifolia

又名狭叶香蒲。多年生水生或沼生草本，分布于我国大部分省区。根状茎乳白色，地上茎粗壮。叶片条形，叶鞘抱茎。肉穗状雌、雄花序离生，雄花序在上，小苞片比花药长；雌花序在下，开花时常比雄花穗短约一倍；雌蕊的花柱长，柱头扁平，雌蕊柄簇生长毛。成熟果穗暗棕色，瘦果，种子光滑。花果期 5 ～ 8 月。一般在校园的水塘或者湖边有分布。

芭蕉

芭蕉科

Musa basjoo

常绿大型多年生草木，原产于中国及日本的热带地区。植株高2.5～4m。叶片大型，长圆形；先端钝，基部圆形或不对称，叶面鲜绿色，有光泽；叶柄粗壮，长达30cm。花期夏季至秋季，花序穗状顶生，下垂；苞片红褐色或紫色；雄花生于花序上部，雌花生于花序下部，雌花排列成2列，离生花被片几与合生花被片等长，顶端具小尖头。果期6月，浆果三棱状长圆形，肉质。可药用，也可栽培观赏。校园家属区有种植。

美人蕉 ○

美人蕉科

Canna indica

多年生草本，原产于印度，我国南北各地常有栽培。植株高可达1.5m。叶片卵状长圆形。总状花序疏花；略超出于叶片之上；花红色或黄色，单生；苞片卵形，绿色；萼片披针形，绿色而有时染红；花冠管较短，花冠裂片披针形；外轮退化雄蕊鲜红色，倒披针形；发育雄蕊长2.5cm，花柱一半和发育雄蕊的花丝连合。蒴果绿色，长卵形，有软刺。花果期3～12月。栽培观赏，根入药，茎叶纤维可制人造棉。在荟园、家属区等处有栽培。

麦冬

百合科

Ophiopogon japonicus

多年生宿根草本，全国各地有分布。叶基生成丛，禾叶状，细长，边缘有细锯齿；花期 5 ～ 8 月，花葶长 6 ～ 15cm，一般比叶子短。花白色或淡紫色，花被片 6 片。果期 8 ～ 9 月，蒴果，种子球形。除绿化用途外，块根麦冬入药。该物种是栽培最为广泛的地被植物，遍及校园各处的路边、林下。

百合科 山麦冬

Liriope spicata

多年生簇生常绿草本，我国南北各地均有栽培。须根常于中部膨大呈纺锤形，有短而厚的根茎；叶狭如禾草状；花白色或紫蓝色，总状花序式排列于花葶之顶，花被片 6，分离。浆果球形或椭圆形，早期绿色，成熟后常呈暗蓝色。校园的花坛和林下均有种植或盆栽。

百合科 吉祥草

Reineckia carnea

多年生草本，全国各地有栽培。茎粗，蔓延于地面，逐年向前延长或发出新枝，每节上有一残存的叶鞘。叶每簇有 3 ～ 8 枚，条形至披针形，先端渐尖，向下渐狭成柄，深绿色。花葶长 5 ～ 15cm；穗状花序上部的花有时仅具雄蕊；花芳香，粉红色；雄蕊短于花柱，花丝和花柱均丝状。浆果熟时鲜红色。花果期 7 ～ 11 月。校园栽培甚广，林下、路边多有种植。

凤尾丝兰 百合科

Yucca gloriosa

多年生常绿木本，我国广为分布。茎通常不分枝或分枝很少。叶片剑形，坚硬，密生呈莲座状；叶片顶端具有坚硬的刺，边缘无白丝（别于丝兰）。花期9～11月，花葶高1～2m，大型圆锥花序具多花；花白色至乳黄色，下垂，钟形；花被6片，卵状菱形。主要用于观赏。校园栽培较多，在二教、工学院等处有集中种植。

葱 百合科

Allium fistulosum

多年生草本，全国各地广泛栽培。鳞茎柱形，单生；鳞茎外皮薄革质，全缘。花葶圆柱形，中空，中下部膨大。叶数枚，圆柱形，中空，向顶端渐狭，约与花葶等长。花期4～7月；总苞白色；球形伞形花序，多花，密集；花被钟状，白色，狭卵形。食用香料植物，鳞茎“葱白”和种子入药。校园内菜地有种植。

百合科 大花萱草

Hemerocallis × hybrida

多年生草本植物，分布于秦岭以南各省区。具短的根状茎和肉质、肥大的纺锤状块根。叶基生，排成两列，条形，下面呈龙骨状突起。顶端具总状或假二歧状的圆锥花序，较少花序缩短或只具单花；花被片 6，桔红色。蒴果。种子黑色，有棱角。萱草在我国有二千多年的栽培历史，可药食两用，也可观赏。校园花卉基地有栽培。

红花石蒜的花叶永远不会同时出现，所以又被称为彼岸花。

石蒜科 石蒜

Lycoris radiata

俗称螳螂花、龙爪花等。我国长江流域及西南各省有野生种群。多年生草本。叶秋末抽出，至次年夏季枯死，叶片狭带状，深绿色。花期 8～9 月，花茎先叶抽出；伞形花序，花鲜红色；花被裂片狭倒披针形，强烈皱缩或反卷。果期 10 月，蒴果通常三棱。狮子山上有分布，景园楼前的林下也有栽培。

葱莲非葱，其叶却如葱清秀碧绿，花葶笔直亭亭玉立；葱莲非莲，不开花时其貌不扬，开花时却能绽放出莲花般的隽丽朵朵，其间透着谦逊。清秀如葱，隽丽如莲。

（曲良焕）

葱莲 石蒜科

Zephyranthes candida

又名葱兰、玉帘。原产于南美，我国各地引种栽培供观赏。多年生草本。叶基生，狭线形，肥厚，常与花葶同时抽出。花期 8 ～ 11 月，花单生于花葶顶端，白色，漏斗状，包藏于佛焰苞状总苞片内。花被裂片 6。蒴果近球形，室背开裂为 3 果瓣，种子黑色。校园各处林下、花坛有分布，逸夫楼东侧树下较多。

石蒜科 风雨花

Zephyranthes grandiflora

多年生草本，原产于南美，我国引种栽培供观赏。基生叶线形。花单生于花茎顶端，玫瑰红色或粉红色，花被片6，倒卵形；蒴果近球形；种子黑色。花期夏秋。背开裂为3果瓣，种子黑色。校园花坛有分布，逸夫楼东侧树下较多。

朱顶红乃球根花卉之首，其品种繁多不逊郁金香；其花色齐全超过风信子；其花型奇特堪赛百合；其花叶双艺乃球根类罕见。

（齐迎春）

石蒜科 朱顶红

Hippeastrum rutilum

多年生草本，原产于巴西。鳞茎近球形。叶6～8枚，鲜绿色。花茎中空，稍扁，具有白粉。花期5～6月，花2～4朵，大型，花被6片，洋红色，有白条纹。花大而美丽，供观赏。校园逸夫楼东侧林下、家属区等地有栽培。

○ 鸢尾 鸢尾科

Iris tectorum

又称蓝蝴蝶，多年生宿根草本，原产于欧洲。单叶基生，剑形。花期4～6月，花大，淡紫色、蓝色或白色，有香味，外轮花被片3，较大，反折，具条纹，中脉上密生须毛状附属物；内轮花被片3，较小，上部向内拱曲，花柱扁平如花瓣状。果期6～8月，蒴果长椭圆形。为常见的栽培花卉。校园绿化带广布，宝积苑旁较多。

鸢尾是法国国花，因花瓣形如鸢鸟尾而得名，其希腊/英文名iris意为彩虹。据传鸢尾的名字是由上帝的信使和连接地球及其他世界的彩虹而来的。因为鸢尾花有红、橙、紫、蓝、白、黑各色，寓意天上彩虹的颜色尽可在其花朵颜色中看到。鸢尾花，我们常看到，彩虹，不就在我们身边吗？

（赵毓）

○ 蝴蝶花 鸢尾科

Iris japonica

多年生宿根草本，产于我国中部及南部省区。具根状茎；单叶基生，剑形，常具白粉。花期3～4月，总状聚伞花序顶生，花淡蓝色或蓝紫色，外轮花被片3，较大，反折，具条纹，中脉上密生须毛状附属物；内轮花被片3，较小，上部向内拱曲，花柱扁平如花瓣状。果期5～6月，蒴果，种子黑色。观赏和药用，中心广场、北苑、竹园食堂北侧等有集中栽培。

华中农业大学校园植物名录

苔藓植物门 Bryophyta

001 地钱科 Marchantiaceae

地钱 *Marchantia polymorpha* L.

002 葫芦藓科 Funariaceae

葫芦藓 *Funaria hygrometrica* Hedw.

蕨类植物门 Pteridophyta

003 卷柏科 Selaginellaceae

伏地卷柏 *Selaginella nipponica* Franch. Et Sav.

004 木贼科 Equisetaceae

节节草 *Commelina diffusa* Burm.

005 海金沙科 Lygodiaceae

海金沙 *Lygodium japonicum* (Thunb.) Sw

006 里白科 Gleicheniaceae

芒萁 *Dicranopteris dichotoma* (Thunb.) Berhn.

007 蕨科 Pteridiaceae

蕨 *Pteridium aquilinum* (L.) Kuhn var. *latiusculum* (Desv.) Underw. ex Heller

008 凤尾蕨科 Pteridaceae

井栏边草 *Pteris multifida* Poir.

009 铁线蕨科 Adiantaceae

铁线蕨 *Adiantum capillus-veneris* L.

010 乌毛蕨科 Blechnaceae

狗脊 *Woodwardia japonica* (L. f.) Sm. l

011 鳞毛蕨科 Dryopteridaceae

阔鳞鳞毛蕨 *Dryopteris championii* (Benth.) C. Chr.

贯众 *Cyrtomium fortunei* J. Sm.

012 肾蕨科 Nephrolepidaceae

肾蕨 *Nephrolepis cordifolia* (L.) C. Presl

013 苹科 Marsileaceae

苹 *Marsilea quadrifolia* L.

014 槐叶苹科 Salviniaceae

槐叶苹 *Salvinia natans* (L.) All.

015 满江红科 Azollaceae

满江红（红苹）*Azolla imbricata* (Roxb.) Nakai

裸子植物门 Gymnospermae

016 苏铁科 Cycadaceae

苏铁 *Cycas revoluta* Thunb.

017 银杏科 Ginkgoaceae

银杏 *Ginkgo biloba* L.

018 松科 Pinaceae

雪松 *Cedrus deodara* (Roxb.) G. Don

金钱松 *Pseudolarix amabilis* (Nelson) Rehd

江南油杉 *Keteleeria fortunei* var. *cyclolepis* (Flous) Silba

南洋杉 *Araucaria cunninghamii* Sweet

湿地松 *Pinus elliottii* Engelm.

马尾松 *P. Massoniana* Lamb.

火炬松 *P. taeda* L.

台湾松（黄山松）*P. taiwanensis* Hayata.

黑松*P. thunbergii* Parlatore.

019 杉科 Taxodiaceae

池杉 *Taxodium ascendens* Brongn

水杉 *Metasequoia glyptostroboides* Hu et W. C. Cheng

杉木 *Cunninghamia lanceolata* (Lamb.) Hook.

水松 *Glyptostrobus pensilis* (Staunt.) Koch

柳杉 *Cryptomeria japonica*

020 柏科 Cupressaceae

侧柏 *Platycladus orientalis* (Linn.) Franco

千头柏 *P. orientalis* (Linn.) Franco 'Sieboldii' Dallimore and Jackson

龙柏（铺地龙柏）*Sabina chinensis* (L.) Ant. Kaizuca

柏木 *Cupressus funebris* Endl.

圆柏（桧柏）*Sabina chinensis* (L.) Ant.

刺柏 *Juniperus formosana* Hayata

021 三尖杉科 Cephalotaxaceae

三尖杉 *Cephalotaxus fortunei* Hooker

中国粗榧（粗榧）*C. sinensis* (Rehder et E. H. Wilson) H. L. Li

022 罗汉松科 Podocarpaceae

罗汉松 *Podocarpus macrophyllus* (Thunb.) Sweet

白日青 *P. neriifolius* D. Don

被子植物门 Angiospermae

双子叶植物纲 Dicotyledons

023 木兰科 Magnoliaceae

白玉兰（玉兰）*Magnolia denudata* Desr.

广玉兰(荷花玉兰，洋玉兰) *M. grandiflora* L.

紫玉兰（辛夷）*M. liliflora* Desr.

厚朴 *M. officinalis* Rehd. et Wils.

含笑 *Michelia figo* (Lour.) Spreng.

深山含笑 *M. maudiae* Dunn

鹅掌楸（马褂树） *Liriodendron chinense* (Hemsl.) Sarg.

024 蜡梅科 Calycanthaceae

蜡梅 *Chimonanthus praecox* (L.) Link

025 樟科 Lauraceae

樟树（香樟）*Cinnamomum camphora* L. Presl

山胡椒 *Lindera glauca* (Sieb. et Zucc.) Bl.

檫木 *Sassafras tzumu* (Hemsl.) Hemsl.

楠木 *Phoebe zhennan* S. Lee et F. N. Wei

026 三白草科 Saururaceae

鱼腥草（蕺菜） *Houttuynia cordata* Thunb

027 八角科 Illiciaceae

红毒茴（披针叶茴香，毒八角，莽草）*Illicium lanceolatum* A. C. Smith

028 莲科 Nelumbonaceae

芡实（鸡头莲）*Euryale ferox* Salisb. ex DC

莲（荷花） *Nelumbo nucifera* Gaerln.

029 睡莲科 Nymphaeaceae

睡莲 *Nymphaea tetragona* Georgi

030 莼菜科 Cabombaceae

莼菜 *Brasenia schreberi* J. F. Gmel.

031 毛茛科 Ranunculaceae

田野毛茛 *Ranunculus arvensis* L.

刺果毛茛 *R. muricatus* L.

禺毛茛 *R. cantoniensis* DC.

茴茴蒜 *R. chinensis* Bunge

毛茛（老虎脚底板）*R. japonicus* Thunb.

石龙芮 *R. sceleratus* L.

猫爪草（小毛茛）*R. ternatus* Thunb.

天葵（千年老鼠屎）*Semiaquilegia adoxoides* (DC.) Makino

铁线莲 *Clematis florida* Thunb.

飞燕草 *Consolida ajacis* (L.) Schur

032 小檗科 Berberidaceae

南天竹（南天竺）*Nandina domestica* Thunb.

033 防己科 Menispermaceae

木防己（土木香、白木香）*Cocculus orbiculatus* (L.) DC.

千金藤（青藤、金线吊乌龟）*Stephania japonica* (Thunb.) Miers

034 罂粟科 Papaveraceae

虞美人 *Papaver rhoeas* L.

博落回 *Macleaya cordata* (Willd.) R. Br.

035 紫堇科 Fumariaceae

紫堇 *Corydalis edulis* Maxim.

036 悬铃木科 Platanaceae

二球悬铃木（英国梧桐）*Platanus acerifolia* (Ait.) Willd.

一球悬铃木（美国梧桐）*Platanus occidentalis* L.

三球悬铃木（法国梧桐）*Platanus orientalis* L.

037 金缕梅科 Hamamelidaceae

枫香树 *Liquidambar formosana* Hance

檵木 *Loropetalum chinense* (R. Br.) Oliver

红檵木 *L. chinense* (R. Br.) Oliver var. *rubrum* Yieh

蚊母树 *Distylium racemosum* Sieb. et Zucc.

038 杜仲科 Eucommiaceae

杜仲 *Eucommia ulmoides* Oliver

039 榆科 Ulmaceae

朴树 *Celtis sinensis* Pers.

榉树 *Zelkova serrata* (Thunb.) Makino

榆树（白榆、家榆）*Ulmus pumila* L.

榔榆（小叶榆）*U. parvifolia* Jacq.

糙叶树 *Aphananthe aspera* (Thunb.) Planch.

040 大麻科 Cannabaceae

葎草（拉拉藤）*Humulus scandens* (Lour.) Merr.

041 桑科 Moraceae

桑树 *Morus alba* L.

构树 *Broussonetia papyrifera* (L.) L'Hert. ex Vent.

无花果 *Ficus carica* L.

042 荨麻科 Urticaceae

苎麻 *Boehmeria nivea* (L.) Gaudich.

043 胡桃科 Juglandaceae

枫杨（水麻柳）*Pterocarya stenoptera* C. DC.

核桃（胡桃）*Juglans regia* L.

薄壳山核桃（美国山核桃）*Carya illinoensis* (Wangenheim) K. Koch

化香树（放香树）*Platycarya strobilacea* Sieb. et Zucc.

044 壳斗科 Fagaceae

板栗 *Castanea mollissima* Blume

锥栗 *C. henryi* (Skan) Rehd. et Wils.

茅栗 *C. seguinii* Dode

苦槠 *Castanopsis sclerophylla* (Lindl. et Paxton) Schottky

甜槠 *C. eyrei* (Champ. ex Benth.) Tutch.

石栎（柯）*Lithocarpus glaber* (Thunb.) Nakai

栓皮栎 *Quercus variabilis* Blume

麻栎 *Q. acutissima* Carr.

小叶栎 *Q. chenii* Nakai

槲栎 *Q. aliena* Blume

白栎 *Q. fabri* Hance

青冈 *Cyclobalanopsis glauca* (Thunberg) Oersted

045 商陆科 Phytolaccaceae

美洲商陆（垂序商陆）*Phytolacca americana* L.

商陆（当陆、山萝卜）*P. acinosa* Roxb.

046 紫茉莉科 Nyctaginaceae

紫茉莉（胭脂花）*Mirabilis jalapa* L.

叶子花 *Bougainoillea spectabilis* Willd

047 藜科 Chenopodiaceae

藜 *Chenopodium album* L.

甜菜 *Beta vulgaris* L.

莙荙菜（厚皮菜、牛皮菜）*B. vulgaris* L. var. *cicla* L.

土荆芥（白马辛）*Chenopodium ambrosioides* L.

地肤 *Kochia scoparia* (L.) Schrad.

扫帚菜（变型）*K. scoparia* (L.) Schrad. f. *trichophylla* (Hort.) Schinz. et Thell.

牛膝（怀牛膝、鼓槌草、对节草）*Achyranthes bidentata* Blume

048 苋科 Amaranthaceae

反枝苋 *Amaranthus retroflexus* L.

鸡冠花 *Celosia cristata* L.

青葙 *C. argentea* L.

喜旱莲子草(空心苋、水花生、革命草）*Alternanthera philoxeroides* (Mart.) Griseb.

刺苋（野刺苋菜）*Amaranthus spinosus* L.

凹头苋（野苋）*A. lividus* L.

049 马齿苋科 Portulacaceae

马齿苋（酸菜 ）*Portulaca oleracea* L.

050 石竹科 Caryophyllaceae

须苞石竹（头石竹、美女石竹）*Dianthus barbatus* L. var. *asiaticus*

矮雪轮（大蔓樱草）*Silene pendula* L.

繁缕 *Stellaria media* (L.) Villars

雀舌草 *S. uliginosa* Murr.

卷耳 *Cerastium arvense* L.

香石竹（康乃馨）*Dianthus caryophyllus* L.

女娄菜 *Silene aprica* Turcx. ex Fisch. et Mey.

矮雪轮 *Silene pendula* L.

牛繁缕（鹅肠菜）*Malachium aquaticum* (L.) Moench

051 蓼科 Polygonaceae

愉悦蓼 *Polygonum jucundum* Meisn.

杠板归 *P. perfoliatum* L.

萹蓄 *P. aviculare* L.

毛蓼 *P. barbatum* L.

水蓼（辣蓼）*P. hydropiper* L.

酸模叶蓼（旱苗蓼、大马蓼）*P. lapathifolium* L.

羊蹄 *Rumex japonicus* Houtt.

齿果酸模 *R. dentatus* L.

荞麦（胡荞）*Fagopyrum esculentum* Moench

苦荞麦 *F. tataricum* (L.) Gaertn.

虎杖（酸汤杆）*Reynoutria japonica* Houtt.

何首乌（夜交藤）*Fallopia multiflora* (Thunb.) Harald.

052 芍药科 Paeoniaceae

芍药 *Paeonia lactiflora* Pall.

牡丹 *P. suffruticosa* Andr.

053 茶科 Theaceae

茶树 *Camellia sinensis* (L.) O. Ktze.

山茶 *C. japonica* L.

油茶 *C. oleifera* Abel.

054 猕猴桃科 Actinidiaceae

中华猕猴桃 *Actinidia chinensis* Planch.

055 藤黄科 Clusiaceae

金丝梅 *Hypericum patulum* Thunb. ex Murray

金丝桃 *H. monogynum* L.

艳果金丝桃 *H. androsaemum* L.

地耳草（田基黄）*H. japonicum* Thunb. ex Murray

元宝草（穿心草、合掌草）*H. sampsonii* Hance

赶山鞭 *H. attenuatum* Choisy

056 杜英科 Elaeocarpaceae

杜英 *Elaeocarpus decipiens* Hemsl.

057 椴树科 Tiliaceae

扁担杆 *Grewia biloba* G. Don

058 梧桐科 Sterculiaceae

梧桐 *Firmiana platanifolia* (L. f.) Marsili

马松子 *Melochia corchorifolia* L.

059 锦葵科 Malvaceae

棉（陆地棉）*Gossypium hirsutum* L.

大麻槿（红麻、洋麻）*Hibiscus cannabinus* L.

木芙蓉 *H. mutabilis* L.

木槿 *H. syriacus* L.

蜀葵 *Althaea rosea* (L.) Cavan.

苘麻 *Abutilon theophrasti* Medicus

锦葵 *Malva sinensis* Cav.

060 堇菜科 Violaceae

三色堇 *Viola tricolor* L.

紫花地丁 *V. philippica* Cav.

061 葫芦科 Cucurbitaceae

瓠子 *Lagenaria siceraria* (Molina) Standl. var. *hispida* (Thunb.) Hara

黄瓜 *Cucumis sativus* L.

丝瓜 *Luffa cylindrica* (L.) Roem.

盒子草 *Actinostemma tenerum* Griff.

绞股蓝 *Gynostemma pentaphyllum* (Thunb.) Makino

栝楼 *Trichosanthes kirilowii* Maxim.

062 杨柳科 Salicaceae

垂柳 *Salix babylonica* L.

腺柳（河柳）*S. chaenomeloides* Kimura

旱柳（柳树）*S. matsudana* Koidz.

垂柳（水柳）*S. babylonica* L.

加拿大杨 *Populus* × *canadensis* Moench

响叶杨 *P. adenopoda* Maxim.

毛白杨 *P. Tomentosa* Carr.

063 十字花科 *Brassicaceae*（Crucifeae）

诸葛菜 *Orychophragmus violaceus* (L.) O. E. Schulz

荠(荠菜) *Capsella bursa-pastoris* (L.) Medic.

臭荠 *Coronopus didymus* (Linnaeus) J. E. Smith

北美独行菜 *Lepidium virginicum* L.

印度焊菜(焊菜) *Rorippa indica* (L.) Hiern

油菜（甘蓝型油菜、欧洲油菜）*Brassica napus* L.

甘蓝 *B. oleracea* var. *capitata* L.

羽衣甘蓝 *B. oleracea* L. var. *acephala* f. *tricolor* Hort.

芸苔（白菜型油菜）*B. campestris* L.

芥菜（芥菜型油菜）*B. juncea* (L.) Czern. et Coss.

白菜 *B. rapa* var. *glabra* Reg.

甘蓝型油菜 *B.* napus L.

紫菜薹（红菜薹） *B. compestris* L. var.*purpurana* Bailey

萝卜 *Raphanus sativus* L.

拟南芥（鼠耳芥）*Arabidopsis thaliana* (L.) Heynh.

弯曲碎米荠 *Cardamine flexuosa* With.

碎米荠 *C. hirsuta* L.

桂竹香 *Cheiranthus cheiri* L.

菘蓝 *Isatis indigotica* Fortune

紫罗兰 *Matthiola incana* (L.) R. Br.

064 杜鹃花科 Ericaceae

杜鹃(映山红) *Rhododendron simsii* Planch.

满山红 *R. Mariesii* Hemsl. et Wils.

羊踯躅 *R. Molle* (Blum) G. Don

065 柿树科 Ebenaceae

柿子 *Diospyros Kaki* Thunb.

君迁子 *D. lotus* L.

066 安息香科(野茉莉科) Styracaceae

白花龙 *Styrax faberi* Perk.

垂珠花 *S.dasyanthus* Perk.

秤锤树 *Sinojackia xylocarpa* Hu

067 山矾科 Symplocaceae

白檀 *Symplocos paniculata* (Thunb.) Miq.

068 报春花科 Primulaceae

聚花过路黄 *Lysimachia congestiflora* Hemsl.

泽珍珠菜(泽星宿菜) *L. candida* Lindl.

仙客来（兔耳花、兔子花）*Cyclamen persicum* Mill.

珍珠菜（矮桃）*Lysimachia clethroides* Duby

069 海桐花科 Pittosporaceae

海桐 *Pittosporum tobira* (Thunb.) Ait.

070 景天科 Crassulaceae

费菜(景天三七) *Sedum aizoon* L.

珠芽景天 *S. bulbiferum* Makino

佛甲草 *S. lineare* Thunb.

垂盆草 *S. Sarmentosum* Bunge

071 虎耳草科 Saxifragaceae

绣球(八仙花) *Hydrangea macrophylla* (Thunb.) Ser.

重瓣白花溲疏 *Deutzia scabra* var. *candidissima*

虎耳草 *Saxifraga stolonifera* Curt.

山梅花 *Philadelphus incanus* Koehne

072 蔷薇科 Rosaceae

月季 *Rosa chinensis* Jacq.

金樱子 *R. laevigata* Michx.

木香花 *R. banksiae* Ait.

白木香 *R. banksiae* Ait. var. *normalis* Regel

重瓣黄木香 *R. banksiae* f. *lutea* Lindl

小果蔷薇 *R. cymosa* Tratt.

多花蔷薇(野蔷薇）*R. multiflora* Thunb.

粉团蔷薇（多花蔷薇的变种）*R. multiflora* Thunb.var. *cathayensis* Rehd.et Wils.

七姊妹（多花蔷薇的变种）*R. multiflora* Thunb. var. *carnea* Thory

麻叶绣线菊 *Spiraea cantoniensis* Lour.

粉花绣线菊 *S. japonica* L. f.

草莓 *Fragaria* × *ananassa* Duch.

蛇莓 *Duchesnea indica* (Andr.) Focke

龙牙草（仙鹤草）*Agrimonia pilosa* Ldb.

梨（沙梨）*Pyrus pyrifolia* (Burm. F.) Nakai

枇杷 *Eriobotrya japonica* (Thunb.) Lindl.

椤木石楠 *Photinia davidsoniae* Rehd. et Wils.

石楠 *P. serratifolia* (Desf.) Kalkman.

红叶石楠 *Photinia× fraseri* Red robin

火棘 *Pyracantha fortuneana* (Maxim.) Li

高丽悬钩子(插田泡）*Rubus coreanus* Miq.

寒莓 *R. buergeri* Miq.

山莓 *R. corchorifolius* L. f.

茅莓 *R. parvifolius* L.

桃 *Amygdalus persica* L.

紫叶碧桃 *A. persica* L. var. *atropurpurea* Schneid.

垂枝碧桃 *A. persica* L.var. *duplex* Rehd.

油桃 *A. persica* L. var. *aganonucipersica* (Schübler & Martens) Yü et Lu.

樱花（东京樱花、日本早樱）Cerasus yedoensis (Mats.) Yü et Li

日本晚樱 *C. serrulata* G. Don var. *lannesiana* (Carr.) Makino

野山楂 *Crataegus cuneata* Sieb. et Zucc.

杜梨（棠梨）*Pyrus betulifolia* Bge.

豆梨 *P. calleryana* Dcne.

苹果 *Malus pumila* Mill.

垂丝海棠 *M. halliana* Koehne

翻白草（翻白委陵草）*Potentilla discolor* Bge.

委陵菜 *P. chinensis* Ser.

地榆 *Sanguisorba officinalis* L.

棣棠（棣棠花）*Kerria japonica* (L.) DC.

重瓣棣棠 *K. japonica* (L.) DC. f. *pleniflora* (Witte) Rehd.

麦李 *Cerasus glandulosa* (Thunb.) Lois.

重瓣红麦李（小桃红）*C. glandulosa* (Thunb.) Lois. f. *sinensis* (Pers.) S.Ya.Sokolov

重瓣白麦李（小桃白）*C. glandulosa* (Thunb.) Lois. f. *albo-plena* Koehne

郁李 *C. japonica* (Thunb.) Lois.

梅 *Armeniaca mume* Sieb. et Zucc.

樱桃李 *A. cerasifera* Ehrhart

紫叶李 *A. cerasifera* Pissaradii (Jacq.) Rehd.

贴梗海棠 *Chaenomeles speciosa* (Sweet) Nakai

073 含羞草科 Mimosaceae

含羞草 *Mimosa pudica* L.

合欢 *Albizia julibrissin* Durazz.

山合欢(山槐）*A. kalkora* (Roxb.) Prain

074 云实科 Caesalpiniaceae

紫荆 *Cercis chinensis* Bunge

云实（云实属）*Caesalpinia decapetala* (Roth) Alston

皂荚（皂角）*Gleditsia sinensis* Lam.

决明（草决明）*Cassia tora* L.

槐叶决明（茳芒决明、望江南）*C. sophera* L.

075 蝶形花科（豆科）Fabaceae

白刺花 *Sophora davidii* (Franch.) Skeels

白花三叶草 *Trifolium repens* L.

扁豆 *Lablab purpureus* (L.) Sweet

豇豆 *Vigna unguiculata* (L.) Walp.

豌豆 *Pisum sativum* Linn.

花生 *Arachis hypogaea* L.

紫云英 *Astragalus sinicus* L.

刺槐 *Robinia pseudoacacia* L.

红刺槐 *R. hispida* Voss

毛刺槐 *R. hispida* L.

槐（国槐）*Sophora japonica* L.

龙爪槐 *S. japonica* L. var. *japonica* f. *pendula*

紫穗槐 *Amorpha fruticosa* L.

紫藤 *Wisteria sinensis* (Sims) Sweet

黄檀 *Dalbergia hupeana* Hance

苏木蓝 *Indigofera carlesii* Craib.

葛（葛藤）*Pueraria lobata* (Willd.)Ohwi

美丽胡枝子 *Lespedeza formosa* (Vog.) Koehne

合萌（白皂角）*Aeschynomene indica* L.

鸡眼草 *Kummerowia striata* (Thunb.) Schindl.

长萼鸡眼草 *K. stipulacea* (Maxim.) Makino

小苜蓿 *Medicago minima* (L.) Grufb.

南苜蓿 *M. polymorpha* L.

天蓝苜蓿 *M. lupulina* L.

草木犀 *Melilotus officinalis* (L.) Pall.

印度草木犀 *M. Indica* (L.) All.

蚕豆 *Vicia faba* L.

广布野豌豆 *V. cracca* L.

救荒野豌豆（大巢菜）*V. sativa* L.

小巢菜（二籽野豌豆）*V. hirsuta* (L.) S. F. Gray

四籽野豌豆 *V. tetrasperma* (L.) Schreber

076 千屈菜科 Lythraceae

紫薇 *Lagerstroemia indica* L.

077 瑞香科 Thymelaeaceae

瑞香 *Dphne odora* Thumb.

结香(黄瑞香) *Edgeworthia chrysantha* Lindl.

078 石榴科 Punicaceae

石榴 *Punica granatum* L.

079 柳叶菜科 Onagraceae

美丽月见草 *Oenothera speciosa*

柳叶菜 *Epilbium hirsutum* L.

丁香蓼 *Ludwigia prostrata* Roxb.

080 蓝果树科（珙桐科）Nyssaceae

喜树（旱莲木）*Camptotheca acuminata* Decne.

081 山茱萸科 Cornaceae

毛梾 *Cornus walteri* Wanger.

灯台树 *Bothrocaryum controversum* (Hemsl.) Pojark.

四照花 *Dendrobenthamia japonica* (DC.) Fang var. *chinensis* (Osborn) Fang

082 卫矛科 Celastraceae

大叶黄杨（冬青卫矛）*Euonymus japonicus* Thunb.

金边大叶黄杨 *E. japonicus* var. *Aurea-marginatus* Hort.

白杜（明开夜合、丝棉木）*E. meaackii* Rupr

南蛇藤 *Celastrus orbiculatus* Thunb.

083 黄杨科 Buxaceae

小叶黄杨 *Buxus sinica* (Rehd. et Wils.) Cheng var. *parvifolia* M.Cheng

084 大戟科 Euphorbiaceae

油桐 *Vernicia fordii* (Hemsl.) Airy Shaw

乌桕 *Sapium sebiferum* (L.) Roxb.

山麻杆 *Alchornea davidii* Franch.

白背叶 *Mallotus apelta* (Lour.) Muell. Arg.

叶下珠 *Phyllanthus urinaria* L.

算盘子 *Glochidion puberum* (L.) Hutch.

青灰叶下珠 *Phyllanthus glaucus* Wall. ex Muell. Arg

重阳木 *Bischofia polycarpa* (Levl.) Airy Shaw

木油桐 *Vernicia montana* Lour.

石岩枫 *Mallotus repandus* (Willd.) Muell. Arg.

铁苋菜（海蚌含珠）*Acalypha australis* L.

蓖麻 *Ricinus communis* L.

一品红（猩猩木）*Euphorbia pulcherrima* Willd. ex Klotzsch

猩猩草 *E. cyathophora* Murr.

地锦（地锦草）*E. humifusa* Willd

斑地锦 *E. maculata* L.

乳浆大戟 *E. esula* L.

泽漆 *E. Helioscopia* L.

085 鼠李科 Rhamnaceae

拐枣(枳椇) *Hovenia acerba* Lindl.

马甲子 *Paliurus ramosissimus* (Lour.) Poir.

枣 *Ziziphus jujuba* Mill. var. *spinosa* (Bunge) Hu ex H.F.Chow.

086 葡萄科 Vitaceae

葡萄 *Vitis vinifera* L.

蘡薁 *V. bryoniaefolia* Bge.

乌敛莓（五爪金龙）*Cayratia japonica* (Thunb.) Gagnep.

爬山虎（地锦）*Parthenocissus tricuspidata* Sieb. et Zucc.） Planch.

五叶爬山虎（青龙藤、五叶地锦）*P. quinquefolia* (L.) Planch.

蓝果蛇葡萄（蛇葡萄、见毒消、蛇白蔹）*Ampelopsis bodinieri* (Levl. et Vant.) Rehd.

087 亚麻科 Linaceae

亚麻（胡麻）*Linum usitatissimum* L.

088 远志科 Polygalaceae

瓜子金 *Polygala japonica* Houtt.

089 无患子科 Sapindaceae

无患子*Sapindus mukorossi* Gaertn.

复羽叶栾树 *Koelreuteria bipinnata* Franch.

090 槭树科 Aceraceae

红槭 *Acer palmatum* f. *atropurpureum* (Van Houtte) Scherlm

三角槭 *A. buergerianum* Miq.

樟叶槭 *A. cinnamomifolium* Hayata

地锦槭 *A. mono* Maxim.

飞蛾槭 *A. oblongum* Wall. ex DC.

091 漆树科 Anacardiaceae

盐肤木 *Rhus chinensis* Mill.

黄连木 *Pistacia chinensis* Bunge

漆 *Toxicodendron vernicifluum* (Stokes) F. A. Barkl.

南酸枣 *Choerospondias axillaris* (Roxb.) Burtt et Hill

092 苦木科 Simaroubaceae

臭椿 *Ailanthus altissima* (Mill.) Swingle

093 楝科 Meliaceae

楝树 *Melia azedarach* L.

香椿 *Toona sinensis* (A. Juss.) Roem.

094 芸香科 Rutaceae

柑橘 *Citrus reticulata* Blanco

温州蜜柑 *C. reticulata* Blanco 'Unshiu'

甜橙 *C. sinensis* (L.) Osbeck

柚 *C. maxima* (Burm.) Merr.

枳 *Poncirus trifoliata* (L.) Raf.

金柑 *Fortunella japonica* (Thunb.) Swingle

竹叶花椒 *Zanthoxylum armatum* DC.

野花椒 *Z. simulans* Hance

095 酢浆草科 Oxalidaceae

大花酢浆草 *Oxalis bowiei* Lindl.

红花酢浆草 *O. corymbosa* DC.

酢浆草 *O. corniculata* L.

096 牻牛儿苗科 Geraniaceae

野老鹳草 *Geranium carolinianum* L.

天竺葵 *Pelargonium hortorum* Bailey

097 旱金莲科 Tropaeolaceae

旱金莲 *Tropaeolum majus* L.

098 凤仙花科 Balsaminaceae

凤仙花 *Impatiens balsamina* Hand.-Mazz.

099 五加科 Araliaceae

八角金盘 *Fatsia japonica* (Thunb.) Decne. et Planch.

常春藤 *Hedera nepalensis* K. Koch var.*sinensis* (Tobl.) Rehd.

100 伞形科 Apiaceae

窃衣 *Torilis scabra* (Thunb.) DC.

破子草（小窃衣）*T. japonica* (Houtt.) DC.

野胡萝卜 *Daucus carota* L.

芫荽 *Coriandrum sativum* L.

积雪草 *Centella asiatica* (L.) Urban

蛇床（野芫荽）*Cnidium monnieri* (L.) Cuss.

天胡荽（破铜钱）*Hydrocotyle sibthorpioides* Lam.

水芹（水芹菜）*Oenanthe javanica* (Bl.) DC.

101 夹竹桃科 Apocynaceae

夹竹桃 *Nerium indicum* Mill.

花叶蔓长春 *Vinca major* L. *variegata* Loud.

络石 *Trachelospermum jasminoides* (Lindl.)Lem.

102 萝藦科 Asclepiadaceae

合掌消 *Cynanchum amplexicaule* (Sieb. et Zucc.) Hemsl.

萝藦 *Metaplexis japonica* (Thunb.) Makino

103 茄科 Solanaceae

白英（北风藤）*Solanum lyratum* Thunberg

龙葵（野海椒、苦葵）*S. nigrum* L.

茄子 *S. melongena* L.

马铃薯（阳芋、洋芋、土豆）*S. tuberosum* L.

颠茄 *Atropa belladonna* L.

番茄 *Lycopersicon esculentum* Miller

辣椒 *Capsicum annuum* L.

碧冬茄（矮牵牛）*Petunia hybrida* (J. D. Hooker) Vilmorin

曼陀罗 *Darura stramonium* L.

毛曼陀罗 *D. innoxia* Miller

枸杞（枸杞子、枸杞菜）*Lycium chincnse* Miller

烟草（烟叶）*Nicotiana tabacum* L.

双色茉莉 *Brunfelsia acuminata* (Pohl.) Benth

104 旋花科 Convolvulaceae

牵牛 *Pharbitis nil* (L.) Roth

打碗花 *Calystegia hederacea* Wall.

旋花（篱天剑、打碗花）*C. sepium* (L.) R. Br.

牵牛花 *Ipomoea nil* (Linnaeus) Roth

番薯（红薯）*I. batatas* (L.) Lamarck

三裂叶薯 *I. triloba* L.

茑萝（茑萝松）*Quamoclit pennata* (Desr.) Boj.

105 紫草科 Boraginaceae

斑种草 *Bothriospermum chinense* Bge.

多苞斑种草 *B. secundum* Maxim.

柔弱斑种草（细茎斑种草）*B. tenellum* (Hornem.) Fisch. et Mey.

附地菜 *Trigonotis peduncularis* (Trev.) Benth. ex Baker et Moore

粗糠树 *Ehretia macrophylla* Wall.

厚壳树 *E. thyrsiflora* nakai Sieb. et Zucc.

106 马鞭草科 Verbenaceae

兰香草 *Caryopteris incana* (Thunb. ex Hout.) Miq.

光果莸 *C. tangutica* Maxim.

臭牡丹 *Clerodendrum bungei* Steud.

美女樱 *Verbena hybrida* Voss

细叶美女樱（羽叶马鞭草）*V. tenera* Spreng

马鞭草 *V. Officinalis* L.

黄荆 *Vitex negundo* L.

107 唇形科 Lamiaceae

筋骨草(金疮小草、白毛夏枯草）*Ajuga decumbens*

多花筋骨草 *A. multiflora* Bunge

野芝麻 *Lamium barbatum* Sieb. et Zucc.

薄荷 *Mentha haplocalyx* Briq.

紫苏 *Perilla frutescens* (L.) Britt.

夏枯草 *Prunella vulgaris* L.

雪见草（荔枝草）*Salvia plebeia* R. Br.

一串红 *S. splendens* Ker-Gawler

半枝莲（并头草）*Scutellaria barbata* D. Don

印度黄芩（韩信草、耳挖草）*S. indica* L.

彩叶草（五彩苏）*Coleus scutellarioides*

随意草 *Physostegia virginiana* Benth.

风轮菜 *Clinopodium chinense* (Benth.) O. Ktze.

瘦风轮（细风轮菜） *C. gracile* (Benth.) Matsum.

活血丹 *Glechoma longituba* (Nakai) Kupr.

佛座（宝盖草）*Lamium amplexicaule* L.

夏枯草 *Prunella vulgaris* L.

益母草 *Leonurus artemisia* (Lour.) S. Y. Hu

长圆叶水苏（针筒菜）*Stachys oblongifolia* Benth.

108 车前科 Plantaginaceae

北美毛车前 *Plantago virginica* L.

大车前 *P. major* L.

小车前 *P.minuta* Pall.

109 醉鱼草科 Buddlejaceae

密蒙花 *Buddleja officinalis* Maxim.

110 木犀科 Oleaceae

桂花（木犀）*Osmanthus fragrans* (Thunb.) Loureiro

黄素馨 *Jasminum mesnyi* Hance

女贞 *Ligustrum lucidum* Ait.

小叶女贞 *L. quihoui* Carr.

小蜡 *L. sinense* Lour.

雪柳 *Fontanesia fortune* Carr.

连翘 *Forsythia suspensa* (Thunb.) Vahl

金钟花（黄金条）*F. viridissima* Lindl.

紫丁香 *Syringa oblata* Lindl.

111 玄参科 Scrophulariaceae

弹刀子菜 *Mazus stachydifolius* (Turcz.) Maxim.

通泉草 *M. japonicus* (Thunb.) O. Kuntze

阿拉伯婆婆纳 *Veronica persica* Poir.

直立婆婆纳 *V. arvensis* L.

金鱼草 *Antirrhinum majus* L.

泡桐（白花泡桐）*Paulownia fortunei* (Seem.) Hemsl.

兰考泡桐 *P. elongata* S. Y. Hu

毛泡桐（紫花泡桐）*P. tomentosa* (Thunb.) Steud.

水苦荬（仙桃草）*Veronica undulata* Wall.

112 爵床科 Acanthaceae

爵床（六角英）*Rostellularia procumbens* (L.) Nees

113 胡麻科 Pedaliaceae

芝麻 *Sesamum indicum* L.

114 紫葳科 Bignoniaceae

凌霄 *Campsis grandiflora* (Thunb.) Schum.

美国凌霄 C. *radicans* (L.) Seem.

115 桔梗科 Campanulaceae

半边莲 *Lobelia chinensis* Lour.

116 茜草科 Rubiaceae

栀子 *Gardenia jasminoides* Ellis

猪殃殃 *Galium aparine* L. var. *tenerum* Gren.et (Godr.) Rebb.

鸡矢藤 *Paederia scandens* (Lour.) Merr.

白马骨 *Serissa serissoides* (DC.) Druce

六月雪 *S. japonica* (Thunb.) Thunb. Nov. Gen.

117 忍冬科 Caprifoliaceae

金银花（忍冬）*Lonicera japonica* Thunb.

金银木 *L. maackii* (Rupr.) Maxim.

锦带花 *Weigela florida* (Bunge) A. DC.

海仙花（朝鲜锦带花）*W. coraeensis* Thunb

珊瑚树（法国冬青）*Viburnum odoratissimum.* Ker.-Gawl.'Awabuki' Zabel ex Rumpl.

接骨草 *Sambucus chinensis* Lindl.

接骨木 *S. williamsi* Hance

118 菊科 Asteraceae

向日葵 *Helianthus annuus* L.

波斯菊 *Cosmos bipinnata* Cav.

孔雀草 *Tagetes patula* L.

万寿菊 *T. erecta* L.

大金鸡菊 *Coreopsis lanceolata* L.

大丽菊 *Dahlia pinnata* Cav.

百日草 *Zinnia elegans* Jacq.

非洲菊（扶郎花）*Gerbera jamesonii* Bolus

一年蓬 *Erigeron annuus* (L.) Pers.

泥胡菜 *Hemistepta lyrata* (Bunge) Bunge

小蓟（刺儿菜）*Cirsium setosum* (Willd.) MB.

蓟（大蓟、刺蓟菜）*C. japonicum* Fisch. ex DC.

蓍草（云南蓍）*Achillea wilsoniana* Heimerl ex Hand.-Mazz.

鼠麴草 *Gnaphalium affine* D. Don

黄鹌菜 *Youngia japonica* (L.) DC.

苦苣菜 *Sonchus oleraceus* L.

蒲公英 *Taraxacum mongolicum* Hand.-Mazz.

三裂叶豚草 *Ambrosia trifida* L.

豚草 *A. artemisiifolia* L.

黄花嵩（青蒿、臭嵩）*Artemisia annua* L.

艾（艾蒿）*A. argyi* Lévl. et Van.

茵陈蒿 *A. capillaris* Thunb.

牡蒿 *A. japonica* Thunb.

野艾蒿 *A. lavandulaefolia* DC.

钻叶紫菀 *Aster subulatus* Michx.

雏菊 *Bellis perennis* L.

狼杷草 *Bidens tripartite* L.

飞廉 *Carduus nutans* L.

天名精 *Carpesium abrotanoides* L.

茼蒿（蒿子杆）*Chrysanthemum coronarium* L.

瓜叶菊 *Pericallis hybrid* B. Nord.

小飞蓬（小蓬草、小白酒草、加拿大蓬）*Conyza canadensis* (L.) Cronq.

野塘蒿（香丝草）*C. bonariensis* (L.) Cronq.

芫荽菊（山芫荽）*Cotula anthemoides* L.

鳢肠（旱莲草、墨草）*Eclipta prostrate* (L.) L.

菊芋（洋姜）*Helianthus tuberosus* L.

苦荬菜 *Ixeris polycephala* Cass.

山苦荬（黄鼠草、苦菜、小苦苣，中华小苦荬）*Ixeridium chinense* (Thunb.) Tzvel.

毡毛马兰 *Kalimeris shimadai* (Kitam.) Kitam.

山莴苣 *Lagedium sibiricum* (L.) Sojak

稻槎菜 *Lapsana apogonoides* Maxim.

台湾翅果菊 *Pterocypsela formosana* (Maxim.) Shih

除虫菊（白花除虫菊）*Pyrethrum cinerariifolium* Trev.

苍耳 *Xanthium sibiricum* Patrin ex Widder

蓝目菊 *Osteospermum ecklonis*

单子叶植物纲 Monocotyledons

119 泽泻科 Alismataceae

矮慈姑（短慈姑、瓜皮草）*Sagittaria pygmaea* Miq.

慈姑（野慈姑）*S. trifolia L.* var. *sinensis* (Sims) Makino

大慈姑 *S.montevidensis* Cham.

120 眼子菜科 Potamogetonaceae

菹草（虾藻）*Potamogeton crispus* L.

眼子菜（鸭子草、水上漂）*P. distinctus* A. Bennett

121 槟榔科 Arecaceae

棕榈 *Trachycarpus fortunei* (Hook.) H. Wendl.

122 天南星科 Araceae

马蹄莲 *Zantedeschia aethiopica* (L.) Spreng.

半夏 *Pinellia ternata* (Thunb.) Breit.

123 浮萍科 Lemnaceae

浮萍 *Lemna minor* L.

紫背萍（紫萍）*Spirodela polyrrhiza* (L.) Schleid.

124 鸭跖草科 Commelinaceae

鸭跖草 *Commelina communis* L.

紫竹梅（紫鸭跖草）*Setcreasea purpurea* Boom.

水竹叶 *Murdannia triquetra* (Wall. ex C. B. Clarke) Bruckn.

125 灯心草科 Juncaceae

翅茎灯心草 *Juncus alatus* Franch. et Sav.

江南灯心草（笄石菖）*J. prismatocarpus* R. Brown

灯心草 *J. effusus* L.

野灯心草 *J. setchuensis* Buchen. ex Diels

126 莎草科 Cyperaceae

风车草（伞草）*Cyperus alternifolius* Linn. ssp. *flabelliformis* (Rottb.) Kukenth.

异型莎草 *C. difformis* L.

高秆莎草 *C. exaltatus* Retz.

碎米莎草 *C. iria* L.

香附子（回头青、莎草）*C. rotundus* L.

牛毛毡 *Heleocharis yokoscensis* (Franch. et Savat.) Tang et Wang

日照飘拂草（水虱草）*Fimbristylis miliacea* (L.) Vahl

水蜈蚣 *Kyllinga brevifolia* Rottb.

萤蔺（藨草属）*Scirpus juncoides* Roxb.

水葱 *S. validus* Vahl

水毛花 *S. triangulatus* Roxb.

荆三棱 *S. fluviatilis*

栗褐薹草（褐果薹草）*Carex brunnea* Thunb.

垂穗薹草 *C. brachyathera* Ohwi

翼果薹草 *C. neurocarpa* Maxim.

127 禾本科 Poaceae

小麦 *Triticum aestivum* L.

大麦 *Hordeum vulgare* L.

水稻（稻谷、稻子、稻）*Oryza sativa* L.

雀麦 *Bromus japonicus* Thunb. ex Murr.

野燕麦 *Avena fatua* L.

稗 *Echinochloa crusgalli* (L.) Beauv.

小旱稗 *Echinochloa crusgalli* (L.) Beauv. var. *austro-japonensis* Ohwi

无芒稗 *E.* crusgalli var. *mitis* (Pursh) Peterm.Fl.

菵草 *Beckmannia syzigachne* (Steud.) Fern.

白茅 *Imperata cylindrica* (L.) Beauv.

鹅观草 *Roegneria kamoji* Ohwi

纤毛鹅观草 *R. ciliaris* (Trin.) Nevski

巨序剪股颖（小糠草）*Agrostis gigantea* Roth

剪股颖 *Agrostis matsumurae* Hack. ex Honda

看麦娘 *Alopecurus aequalis* Sobol.

黑麦草 *Lolium perenne* L.

日本看麦娘 *A. japonicus* Steud.

白羊草 *Bothriochloa ischaemum* (L.) Keng

薏苡（川谷、薏仁米）*Coix lacryma-jobi* L.

狗牙根 *Cynodon dactylon* (L.) Pers.

乱草 *Eragrostis japonica* (Thunb.) Trin.

大画眉草 *E. cilianensis* (All.) Link ex Vignolo-Lutati

知风草 *E. ferruginea* (Thunb.) Beauv.

野黍（唤猪草）*Eriochloa villosa* (Thunb.) Kunth

柳叶箬 *Isachne globosa* (Thunb.) Kuntze

洽草 *Koeleria cristata* (L.) Pers

千金子 *Leptochloa chinensis* (L.) Nees

荻 *Triarrhena sacchariflora* (Maxim.) Nakai

狼尾草 *Pennisetum alopecuroides* (L.) Spreng.

显子草 *Phaenosperma globosa* Munro ex Benth.

早熟禾 *Poa annua* L.

硬质早熟禾 *P. sphondylodes* Trin.

棒头草 *Polypogon fugax* Nees ex Steud.

大狗尾草（法氏狗尾草）*Setaria faberii* Herrm.

狗尾草 *S. viridis* (L.) Beauv.

金色狗尾草 *S. glauca* (L.) Beauv.

苏丹草 *Sorghum sudanense* (Piper) Stapf

高粱 *S. bicolor* (L.) Moench

鼠尾栗 *Sporobolus fertilis* (Steud.) W. D. Glayt.

细叶结缕草 *Zoysia tenuifolia* Willd. ex Trin.

玉米 *Zea mays* L.

毛竹 *Phyllostachys edulis* (Carrière) J. Houzeau

矮棕竹 *Rhapis humilis* Bl.

128 香蒲科 Typhaceae

水烛（狭叶香蒲）*Typha angustifolia* L.

129 芭蕉科 Musaceae

芭蕉 *Musa basjoo* Sieb. et Zucc.

130 美人蕉科 Cannaceae

美人蕉 *Canna indica* L.

131 雨久花科 Pontederiaceae

凤眼莲（水葫芦、凤眼蓝）*Eichhornia crassipes* (Mart.) Solme

鸭舌草 *Monochoria vaginalis* (Burm. F.) Presl ex Kunth

132 百合科 Liliaceae

麦冬（沿阶草）*Ophiopogon japonicus* (L. f.) Ker-Gawl.

吉祥草 *Reineckia carnea* (Andr.) Kunth

山麦冬 *Liriope spicata* (Thunb.) Lour.

葱 *Allium fistulosum* L.

薤白（小根蒜）*A. macrostemon* Bunge

大花萱草 *Hemerocallis hybrida* Hort.

凤尾丝兰 *Yucca gloriosa* L.

粉条儿菜（肺筋草）*Aletris spicata* (Thunb.) Franch.

吊兰 *Chlorophytum comosum* (Thunb.) Baker

万年青 *Rohdea japonica* (Thunb.) Roth

133 石蒜科 Amaryllidaceae

石蒜 *Lycoris radiata* (L'Her.) Herb.

葱莲（玉帘）*Zephyrauthes candida* (Lindl.) Herb.

风雨花(韭莲) *Z. grandiflora* Lindl.

朱顶红 *Hippeastrum rutilum* (Ker-Gawl.) Herb.

君子兰（和尚君子兰、大花君子兰）*Clivia miniata* Regel Gartenfl.

水仙（中国水仙）*Narcissus tazetta* var. *chinensis* M.Roener

射干 *Belamcanda chinensis* (L.) Redouté

唐菖蒲 *Gladiolus gandavensis* Van Houtte

134 鸢尾科 Iridaceae

鸢尾 *Iris tectorum* Maxim.

蝴蝶花(日本鸢尾）*I. japonica* Thunb.

135 薯蓣科 Dioscoreaceae

黄独（黄药子）*Dioscorea bulbifera* L.

日本薯蓣（尖叶薯蓣、野山药）*D. japonica* Thunb.

盾叶薯蓣（黄姜、火头根、盾叶草）*D. zingiberensis* C. H. Wright

136 兰科 Orchidaceae

绶草（盘龙参）*Spiranthes sinensis* (Pers.) Ames

中文名索引

E

F

G

H

拉丁学名索引

D

E

F

M

N

O

P

W

Y

Z

后 记 *Postseript*

学习生活在美丽的狮子山下、南湖之畔的华中农大校园是幸福的，这里不仅有浓郁的学术氛围，还有许许多多富有灵性的草木花卉，这个占地面积450公顷的美丽校园，是每一个师生的精神家园。几年前，邓秀新校长提议，编写一本反映学校校园植物的图书，力求以生动的图片、简洁的描述，勾划我们对校园一草一木的记忆，展现狮子山的校园之美和华农人的绿色情怀。其实这也是我们几代植物学教师和每个华农人的夙愿。为此，我们组织了生命科学技术学院和园艺林学学院的十几位教师，成立了《狮山兰芷》编撰委员会。大家把拍摄、编辑这一图集作为自己的义务和寄托，也希望从这所殿堂走出去的校友们，可以从中找寻到一些青春岁月的记忆和思念校园的印记。

经过近三年的寒来暑往，凝聚着全体编委会成员心血的这本图册终于完稿。她收录了华中农业大学校园植物约100多个科的300多种植物，采用照片700多幅。其中大部分图片来自胡春根、龙鸿、魏星和傅强的拍摄，王文恩、曲良焕、王莉、陈春丽、冯燕妮、赵毓等也贡献了自己的作品。在筛选和处理海量照片时，龙鸿、魏星和姚家玲付出了大量劳动。本书的植物鉴定和形态特征描述主要依据现行的《中国植物志》。全书由姚家玲负责统撰与编辑。彭光芒和范敬群对本书的文字进行了润饰。书中还汇集了数十篇小短文，抒发了作者对校园的爱和对植物的鉴赏。此外，郑用琏、柳俊、罗正荣、叶志彪、严建兵、余四斌老师，以及学生郑良、白浩天、刘易楠、向浩、李祥等，他们为本书或提供了照片或撰写了小短文。因时间所限，尚有部分校园植物未收录在本书中，我们整理了华中农业大学校园植物名录作为附录，便于读者窥见校园植物的多样性。由于篇幅所限，一些老师和学生提供的照片和文字未能悉数列出，他们的热情和付出依然值得我们感谢！

感谢校长邓秀新院士为本书作序，感谢张启发院士为本书题写书名。学校校友会秘书长陈胜为本书的出版提供了大力支持和帮助。傅廷栋院士、原校长张端品教授也十分关心本书的进展，并提出了一些意见和建议。学校计财处郭刚奇处长、园艺林学学院包满珠院长、生命科技学院和希顺书记以及段德君、付军、傅丽霞、祁婧、叶林等领导和同事也为本书的编写提供了支持，科学出版社吴美丽编辑为本书的编写给予了指导，并为编辑出版付出了辛勤的劳动，在此一并致谢！

本书承蒙武汉大学汪小凡教授、中国科学院武汉植物研究所李建强研究员审阅，特致谢忱！

限于我们的水平，书中或有错误之处，敬请读者批评指正。

姚家玲

2014 年 5 月 20 日

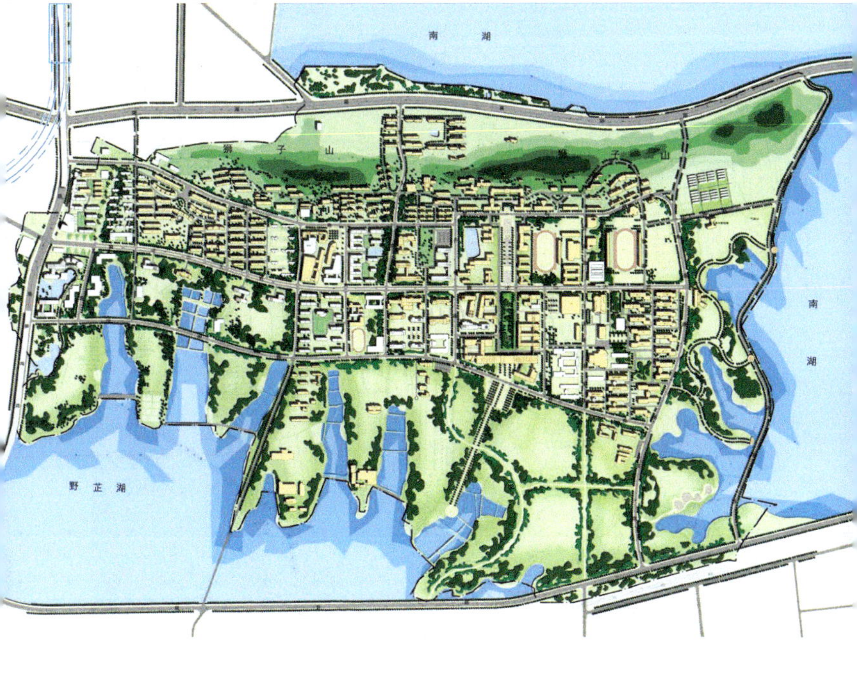

南 湖
狮 子 山
南 湖
野 芷 湖